海洋资源开发系列丛书

中华人民共和国工业和信息化部、国家重大工程攻关专项、国家自然科学基金重点项目、国家973项目及国家重大科技专项成果

深海厚壁管道理论与试验

尹汉军　韩梦雪　余建星　王福程　编著

天津大学出版社
TIANJIN UNIVERSITY PRESS

图书在版编目(CIP)数据

深海厚壁管道理论与试验 / 尹汉军等编著. -- 天津:
天津大学出版社, 2021.10
　　(海洋资源开发系列丛书)
　　中华人民共和国工业和信息化部、国家重大工程攻关
专项、国家自然科学基金重点项目、国家973项目及国家
重大科技专项成果
　　ISBN 978-7-5618-7066-2

Ⅰ.①深… Ⅱ.①尹… Ⅲ.①海上油气田－水下管道
－研究 Ⅳ.①TE973.9

中国版本图书馆CIP数据核字(2021)第209279号

出版发行	天津大学出版社
地　　址	天津市卫津路92号天津大学内(邮编:300072)
电　　话	发行部:022-27403647
网　　址	www.tjupress.com.cn
印　　刷	北京盛通商印快线网络科技有限公司
经　　销	全国各地新华书店
开　　本	185mm×260mm
印　　张	8.625
字　　数	218千
版　　次	2021年10月第1版
印　　次	2021年10月第1次
定　　价	39.00元

本书编委会

主　任　尹汉军　韩梦雪　余建星　王福程

委　员　张恩勇　孙震洲　段晶辉　安思宇　李牧之
　　　　许伟澎　徐盛博　李振眠　余杨

前　言

　　海底管道及立管作为海上油气运输中一种经济、高效形式，正应用于深海，海底管道面临失效风险。综合管线失效案例，其失效模式包括撞击、腐蚀、结构缺陷、压溃、力学性能失效、自然灾害和疲劳等。其中，以管道受外压作用产生的屈曲压溃失效模式最被国内外学者所关注。深水管道的国际前沿探索聚焦在厚壁管的科学使用，由于管道压溃造成的结构破坏及原油泄漏等社会、经济和环境问题危害性大，必须对深水厚壁管道在不同工作状态下的极限承载力进行分析。

　　天津大学深水结构实验室由全尺寸深海结构及设备试验平台、深海管线物理模拟仿真平台及海洋结构腐蚀与防护实验室共同组成，在深海管道结构稳定性失效研究上具有十多年的工程经验，多次经国内外船级社验证其正确性。近十年来，在国家"973 计划"项目，国家自然科学基金、重点基金，以及"十一五""十二五"和"十三五"国家科技重大专项课题等支持下，实验室进行了一系列研究，基于全尺寸和缩尺寸试验设备，积累了大量的试验数据，为深海油气输送结构（管道）的安全运营提供了可靠的试验数据。依托天津大学深水结构实验室，余建星科研团队在管道局部失稳、屈曲传播机理及其破坏规律上做了大量试验研究和计算分析。

　　我国深海油气开采技术处于发展阶段，部分依赖西方国家。天津大学深水结构实验室依托荔湾 3-1、流花等深海项目，为天津钢管制造有限公司提供了大量可靠的试验数据，保证了天津钢管制造有限公司无缝钢管质量的可靠性，使国产钢管大量取代西方国家生产的钢管，避免我国钢管被西方国家"卡脖子"，降低了我国深海油气开发的成本。目前，天津钢管制造有限公司和湖南衡阳钢管（集团）有限公司,已取得中国海洋石油集团有限公司中海油油气田开采项目的深海管道订单,并成功应用于流花、陵水等深海项目,打破西方国家封锁,使深水钢材成本降低一半以上,加快了我国深海油气开发国产化步伐。

本书主要介绍了深海管道屈曲压溃的力学机理及试验验证方法。首先从 UOE 制管工艺方面研究成型工艺对管道抗压性能及几何轮廓的影响规律。然后针对纯水压、轴力 - 水压、弯矩 - 水压和扭矩 - 水压四种载荷工况,通过理论分析、数值模拟、试验验证和规范校核的研究手段,分析了管道在复杂载荷作用下的屈曲压溃变化规律,揭示了危险加载路径的作用机理。最后针对每种特殊的加载方式,提出了现行规范的改进方法,并汇集了近 5 年部分研究成果和工程应用实例。

感谢中海油研究总院首席工程师曹静对本书内容的指导。

本书可作为本科生及研究生教材,也可为设计、研究人员提供参考。

作者
2021 年 6 月

目　　录

第 1 章 海底厚壁管道局部屈曲

1.1 厚壁管道基础理论

在外部静水压力作用下深海油气管道的局部屈曲是管道设计时需要考虑的重要问题。API 规范给出的管道屈曲承载力计算公式,只考虑管道径厚比和屈服强度的影响,其计算结果往往与实际压溃压力存在很大误差。如图 1-1 所示,对应于具有相同外径 D 与壁厚 t 之比的管道,压溃压力 P_{co} 与屈服压力 P_o(此处的 P_o 与后文的 P_p 定义一致)的比值会在很大范围内变化,可见仅这两个参数不足以确定压溃压力。

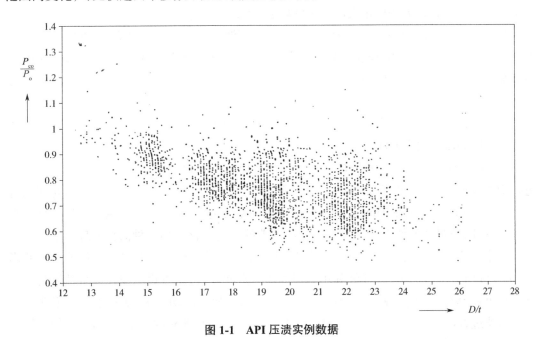

图 1-1 API 压溃实例数据

管道屈曲压溃压力的经典计算方法由铁木辛柯(Timoshenko)给出,对于线弹性材料的薄壁管道,临界压溃压力 P_{el} 为

$$P_{el} = \frac{2E\left(\dfrac{t}{D}\right)^2}{1-\mu^2} \qquad (1\text{-}1)$$

式中:E 为弹性模量;μ 为泊松比;D 为外径;t 为壁厚。

如果考虑存在初始缺陷,则此时的临界压溃压力 P_c 为

$$\begin{cases} P_c = \dfrac{1}{2}\left\{ (P_p + qP_{el}) - \left[(P_p + qP_{el})^2 - 4P_pP_{el} \right]^{1/2} \right\} \\ P_p = 2\sigma_y \dfrac{t}{D}, q = 1 + 3\varDelta_0, \varDelta_0 = \dfrac{D_{max} - D_{min}}{D_{max} + D_{min}} \end{cases} \tag{1-2}$$

式中：P_p 为屈服压力；σ_y 为第一次屈服强度；$\varDelta_0$ 为椭圆度幅值。

现行的 DNV 规范在此基础上进行了一定程度的修正，压溃特征抗力 P_c 可按下式计算：

$$\begin{cases} (P_c - P_{el})(P_c^2 - P_p^2) = P_cP_{el}P_p f_0 \dfrac{D}{t} \\ P_{el} = \dfrac{2E\left(\dfrac{t}{D}\right)^3}{1 - v^2}, P_p = 2f_y\alpha_{fab}\dfrac{t}{D}, f_0 = \dfrac{D_{max} - D_{min}}{D} \end{cases} \tag{1-3}$$

式中：f_y 为特征屈服强度，通常情况下可以与式（1-2）中的 σ_y 取相同值；α_{fab} 为制作系数，一般取为 1；f_0 为该设计方法中定义的椭圆度幅值，$f_0 \approx 2\varDelta_0$。

虽然式（1-3）被广泛用于一般海底管道屈曲压溃极限承载力的计算，但在应用于深海厚壁管道计算时，存在一定程度的偏差。随着海洋油气开采水深的不断增大，结构面临的环境载荷条件更加极端，一旦失效往往会造成难以估量的损失。同时，过于保守的设计也会带来材料成本与安装成本的大幅提升，使工程丧失经济性。因此，提高深水海底管道压溃压力预测方法的准确度有着重要的现实意义。针对这一目标，相关的研究与探索的侧重点大体上可以归结为以下两个方面。

（1）对于理论计算方法本身的改进。由于所研究的管道的壁厚不断增大，结构失效已进入塑性屈曲范畴，因此必须考虑材料的塑性对物理方程带来的影响。雅（Yeh）与胡法特（Hoo Fatt）的研究均是在 Timoshenko 经典理论的基础上，假定材料行为为线弹性 - 理想塑性，将第一次屈服强度作为控制和描述屈曲压溃的关键指标。用这种简化处理方法得到的结果基本上都是偏于保守的，而如果不忽略材料的强化性能，则必然要考虑加载路径的影响，引入数值方法。白勇、薛江红利用大型商业有限元软件，对管道屈曲压溃特性进行了探索。基里亚基德斯（Kyriakides）、袁林、余建星等采用塑性流动理论，实现了对管道非线性屈曲压溃过程的半解析式模拟，计算得到的 P_{co} 与试验等其他对照结果吻合较好，但推导过程中的几何方程均是基于薄壳假定建立的，该方法对于厚壁海底管道压溃问题的适用性仍然存疑。

（2）对于屈曲敏感性因素的深入分析。借助于试验和三维有限元数值模拟等手段，该方面的成果较为丰富。科拉迪（Corradi）、余建星等的研究揭示了椭圆度是影响深水海底管道屈曲压溃的最重要的初始缺陷形式。龚顺风等的研究表明，式（1-3）在应用于深水与超深水海底管道的压溃压力计算时偏保守，且不能解释不同材料硬化系数的影响。内托（Netto）结合试验数据，针对腐蚀管道或破损管道给出了一个简化的压溃压力计算公式。段梦兰等进一步分析了材料的各向异性对于厚壁管道屈曲压溃压力的影响，也提出了一个改进的压溃压力计算公式。实际上，观察式（1-3）即可以看出，在现行规范方法中，除材料特性参数外，压溃特征抗力仅与径厚比、截面椭圆度幅值和材料的屈服强度有关。虽然上述研究成果为今后的规范修订提供了许多有益的参考,但针对深水、超深水海底管道的屈曲敏感性因素对结构安全影响的评估与分析还不够全面和深入,仍然需要进一步研究予以完善。

1.2　海底管道局部屈曲理论与试验研究

1.2.1　基于厚壳理论的局部屈曲理论研究

1. 基本假定

壳体结构按照主曲率半径 R 与厚度 t 之比可划分为薄壳、中厚壳和厚壳三类。资料显示,目前深水、超深水工程中应用的厚壁海底管道最小外径厚度比($2R/t$)为 15.8。虽然没有明确的划分界限指标,但通常认为当 $6<R/t<20$ 时,结构属于中厚壳范畴,此时薄壳 / 薄板的克希霍夫 - 勒夫(Kirchhoff-Love)假设理论不再适用,厚度 t 与壳体的主曲率半径 R 相比仍然较小,因此应采取中厚壳理论分析厚壁海底管道的结构问题。

采用阿马比利(Amabili)的高阶非线性厚度展开和剪切变形理论建立基本力学模型,其壳体结构微元体如图 1-2 所示,α_1 与 α_2 为正交的两个壳体主曲率方向,z 为厚度方向。中性层上任意一点(α_1,α_2)的位移在三个坐标轴上的投影分别为 u、v、w,其中 w 的正向为指向壳体外侧,与 z 轴正方向保持一致。假定材料为各向同性的,壳体的初始几何缺陷仅由径向位移 w_0 表征,则壳体内部任意一点分别沿 α_1、α_2、z 轴的位移(u_1,u_2,u_3)与中性层位移之间的关系可以写作:

$$u_1 = \left[1+(z/R_1)\right]u + z\varphi_1 + z^2\psi_1 + z^3\gamma_1 + z^4\theta_1 \tag{1-4a}$$

$$u_2 = \left[1+(z/R_2)\right]v + z\varphi_2 + z^2\psi_2 + z^3\gamma_2 + z^4\theta_2 \tag{1-4b}$$

$$u_3 = w + w_0 + z\chi_1 + z^2\chi_2 + z^3\chi_3 \tag{1-4c}$$

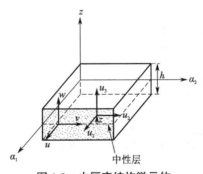

图 1-2　中厚壳结构微元体

式中:φ_1、φ_2 分别为中性层绕 α_1、α_2 坐标轴发生的转角;χ_1、χ_2、χ_3 分别为有关单位厚度结构径向拉伸的三个参数;上述五个变量与 u、v、w 一起构成了描述中厚壳变形的八个基本未知数;ψ_1、ψ_2、γ_1、γ_2、θ_1、θ_2 可根据壳体上下表面横向剪切为 0 的边界条件解出,由基本未知数表示。

由式（1-4）可以看出，中性面内位移展开至关于 z 的 4 阶项，横向位移展开至关于 z 的 3 阶项。式（1-4a）和式（1-4b）表达了剪切效应沿厚度方向的高阶分布，而式（1-4c）则能够给出径向应变沿厚度方向的抛物线分布。

对于管道这样的圆柱壳结构，以轴向坐标 x 和环向坐标 θ 替代 α_1 和 α_2，则有 $R_1 = +\infty$，$R_2 = R$。

2. 三大控制方程

1）几何方程

利用近似表达 $\dfrac{1}{1+(z/R)} \approx 1 - \dfrac{z}{R} + \dfrac{z^2}{R^2}$，将应变项进行多项式展开，忽略关于 z 的三次项以上的高阶非线性项（径向正应变忽略关于 z 的二次项以上的高阶非线性项）。横向剪切应变在薄壳理论中是忽略不计的，仍然能够取得较为理想的结果；在中厚壳结构中，考虑其影响同样不是变形的主要因素，因此只将其展开至关于位移未知数的线性项。则圆柱壳结构相对于其初始构型的几何方程可以写作

$$\varepsilon_{xx} = \varepsilon_{xx,0} + z\left(k_{xx}^{(0)} + z k_{xx}^{(1)} + z^2 k_{xx}^{(2)}\right) \tag{1-5a}$$

$$\varepsilon_{\theta\theta} = \varepsilon_{\theta\theta,0} + z\left(k_{\theta\theta}^{(0)} + z k_{\theta\theta}^{(1)} + z^2 k_{\theta\theta}^{(2)}\right) \tag{1-5b}$$

$$\varepsilon_{zz} = \varepsilon_{zz,0} + z\left(k_{zz}^{(0)} + z k_{zz}^{(1)}\right) \tag{1-5c}$$

$$\gamma_{x\theta} = 2\varepsilon_{x\theta} = \gamma_{x\theta,0} + z\left(k_{x\theta}^{(0)} + z k_{x\theta}^{(1)} + z^2 k_{x\theta}^{(2)}\right) \tag{1-5d}$$

$$\gamma_{xz} = 2\varepsilon_{xz} = \gamma_{xz,0} + z\left(k_{xz}^{(0)} + z k_{xz}^{(1)} + z^2 k_{xz}^{(2)}\right) \tag{1-5e}$$

$$\gamma_{\theta z} = 2\varepsilon_{\theta z} = \gamma_{\theta z,0} + z\left(k_{\theta z}^{(0)} + z k_{\theta z}^{(1)} + z^2 k_{\theta z}^{(2)}\right) \tag{1-5f}$$

式中：$\varepsilon_{ij,0}$ 为中性层上产生的应变；$k_{ij}^{(0)}$、$k_{ij}^{(1)}$、$k_{ij}^{(2)}$ 分别为各自方向上的曲率变化，其具体表达式分别为

$$\varepsilon_{xx,0} = \frac{\partial u}{\partial x} + \frac{1}{2}\left[\left(\frac{\partial u}{\partial x}\right)^2 + \left(\frac{\partial v}{\partial x}\right)^2 + \left(\frac{\partial w}{\partial x}\right)^2\right] + \frac{\partial w_0}{\partial x}\frac{\partial w}{\partial x}$$

$$\varepsilon_{\theta\theta,0} = \frac{1}{R}\frac{\partial v}{\partial \theta} + \frac{w}{R} + \frac{1}{2}\left[\left(\frac{1}{R}\frac{\partial u}{\partial \theta}\right)^2 + \left(\frac{1}{R}\frac{\partial v}{\partial \theta} + \frac{w}{R}\right)^2 + \left(\frac{1}{R}\frac{\partial w}{\partial \theta} - \frac{v}{R}\right)^2\right] +$$
$$\frac{\partial w_0}{\partial R}\left(\frac{1}{R}\frac{\partial v}{\partial \theta} + \frac{w}{R}\right) + \frac{1}{R}\frac{\partial w_0}{\partial \theta}\left(\frac{1}{R}\frac{\partial w}{\partial \theta} - \frac{v}{R}\right)$$

$$\varepsilon_{zz,0} = \chi_1$$

$$\gamma_{x\theta,0} = \frac{\partial v}{\partial x} + \frac{1}{R}\frac{\partial u}{\partial \theta} + \frac{1}{R}\frac{\partial u}{\partial x}\frac{\partial u}{\partial \theta} + \left(\frac{1}{R}\frac{\partial v}{\partial \theta} + \frac{w}{R}\right)\frac{\partial v}{\partial x} + \frac{\partial w}{\partial x}\left(\frac{1}{R}\frac{\partial w}{\partial \theta} - \frac{v}{R}\right)$$

$$\gamma_{xz,0} = \varphi_1 + \frac{\partial w}{\partial x}$$

$$\gamma_{\theta z,0} = \varphi_2 + \frac{1}{R}\frac{\partial w}{\partial \theta}$$

$$k_{xx}^{(0)} = \frac{\partial \varphi_1}{\partial x}$$

$$k_{xx}^{(1)} = \frac{\partial^2 \chi_1}{2\partial x^2}$$

$$k_{xx}^{(2)} = -\frac{4}{3t^2}\left(\frac{\partial \varphi_1}{\partial x} + \frac{\partial^2 w}{\partial x^2}\right) - \frac{\partial^2 \chi_2}{3\partial x^2}$$

$$k_{\theta\theta}^{(0)} = \frac{1}{R}\left(\frac{\partial \varphi_2}{\partial \theta}\right) - \frac{w}{R^2} + \frac{\chi_1}{R}$$

$$k_{\theta\theta}^{(1)} = -\frac{1}{R^2}\left(\frac{1}{2}\frac{\partial \varphi_2}{\partial \theta} - \frac{w}{R} - \frac{1}{2R}\frac{\partial^2 w}{\partial \theta^2}\right) - \frac{\chi_1}{R^2} + \frac{\chi_2}{R} - \frac{1}{2R^2}\frac{\partial^2 \chi_1}{\partial \theta^2}$$

$$k_{\theta\theta}^{(2)} = -\frac{4}{3t^2}\left(\frac{1}{R}\frac{\partial \varphi_2}{\partial \theta} + \frac{1}{R^2}\frac{\partial^2 w}{\partial \theta^2}\right) - \frac{1}{3R^2}\left(-\frac{1}{R}\frac{\partial \varphi_2}{\partial \theta} + \frac{2}{R^2}\frac{\partial^2 w}{\partial \theta^2} - \frac{1}{R^2}\frac{\partial v}{\partial \theta}\right) +$$

$$\frac{\chi_1}{R^3} - \frac{\chi_2}{R^2} + \frac{\chi_3}{R} + \frac{1}{R^2}\frac{\partial^2}{\partial \theta^2}\left(\frac{2}{3}\frac{\chi_1}{R^1} - \frac{\chi_2}{3} + \frac{t^2}{16}\frac{\chi_3}{R}\right)$$

$$k_{x\theta}^{(0)} = \frac{1}{R}\frac{\partial \varphi_1}{\partial \theta} + \frac{\partial \varphi_2}{\partial x} + \frac{1}{R}\left(\frac{\partial v}{\partial x} - \frac{1}{R}\frac{\partial u}{\partial \theta}\right)$$

$$k_{x\theta}^{(1)} = \frac{1}{R}\left(-\frac{1}{R}\frac{\partial \varphi_1}{\partial \theta} + \frac{1}{2}\frac{\partial \varphi_2}{\partial \theta} + \frac{1}{2R}\frac{\partial^2 w}{\partial x\partial \theta} + \frac{1}{R^2}\frac{\partial u}{\partial \theta}\right) - \frac{1}{R}\frac{\partial^2 \chi_1}{\partial x\partial \theta}$$

$$k_{x\theta}^{(2)} = -\frac{4}{3t^2}\left(\frac{1}{R}\frac{\partial \varphi_1}{\partial \theta} + \frac{\partial \varphi_2}{\partial x} + \frac{2}{R}\frac{\partial^2 w}{\partial x\partial \theta}\right) - \frac{1}{6R^2}\left(\frac{\partial \varphi_2}{\partial x} + \frac{1}{R}\frac{\partial^2 w}{\partial x\partial \theta}\right) +$$

$$\frac{1}{R^3}\frac{\partial \varphi_1}{\partial \theta} + \frac{2}{3R^2}\frac{\partial^2 \chi_1}{\partial x\partial \theta} - \frac{2}{3R}\frac{\partial^2 \chi_2}{\partial x\partial \theta} + \frac{t^2}{16R^2}\frac{\partial^2 \chi_3}{\partial x\partial \theta}$$

$$k_{zz}^{(0)} = 2\chi_2$$

$$k_{zz}^{(1)} = 3\chi_3$$

$$k_{xz}^{(0)} = 0$$

$$k_{xz}^{(1)} = -\frac{4}{t^2}\left(\varphi_1 + \frac{\partial w}{\partial x}\right)$$

$$k_{xz}^{(2)} = 0$$

$$k_{\theta z}^{(0)} = 0$$

$$k_{\theta z}^{(1)} = -\frac{4}{t^2}\left(\varphi_2 + \frac{1}{R}\frac{\partial w}{\partial \theta}\right) + \frac{3t^2}{16R^2}\frac{\partial \chi_3}{\partial \theta}$$

$$k_{\theta z}^{(2)} = 0$$

2）物理方程

深水管道局部屈曲压溃的过程在力学上是一个弹塑性失稳问题,一般的金属管材在发生屈曲压溃时,截面上变形较大的区域已进入塑性阶段,因此采用弹塑性本构方程描述管道结构应力与应变之间的关系。

在塑性状态下,结构内某一点的应力与应变不再具有一一对应的关系,而是与加载过程和应力状态同时相关。因此,将加载过程划分为若干个增量步,采用流动理论建立应力增量 $\mathrm{d}\sigma_{ij}$ 与应变增量 $\mathrm{d}\varepsilon_{ij}$ 之间的关系。

应变增量 $\mathrm{d}\varepsilon_{ij}$ 可以划分为弹性应变增量 $\mathrm{d}\varepsilon^{\mathrm{e}}_{ij}$ 和塑性应变增量 $\mathrm{d}\varepsilon^{\mathrm{p}}_{ij}$ 两部分之和,其中 $\mathrm{d}\varepsilon^{\mathrm{e}}_{ij}$ 由广义胡克定律给出,即

$$\mathrm{d}\varepsilon^{\mathrm{e}}_{ij} = \frac{1}{E}\Big[(1+\mu)\mathrm{d}\sigma_{ij} - \mu\mathrm{d}\sigma_{kk}\delta_{ij}\Big] \tag{1-6}$$

式中:E 为弹性模量;μ 为泊松比。

而 $\mathrm{d}\varepsilon^{\mathrm{e}}_{ij}$ 与屈服函数 f 的梯度方向($\partial f/\partial\sigma_{ij}$)一致,可以写作

$$\mathrm{d}\varepsilon^{\mathrm{e}}_{ij} = \mathrm{d}\lambda\frac{\partial f}{\partial\sigma_{ij}} \tag{1-7}$$

式中:$\mathrm{d}\lambda = h(\partial f/\partial\sigma_{kl})\mathrm{d}\sigma_{kl}$,其中 h 定义为强化模量。由德鲁克(Drucker)公设可知,当应力强度的增量 $\mathrm{d}\sigma_e > 0$ 时,$h>0$;反之当 $\mathrm{d}\sigma_e \leqslant 0$ 时,$h=0$。

由于屈服函数(加载面)形式可以表达为 $f = \sigma_e - \psi\left(\int\varepsilon^{\mathrm{p}}\right)$,而 ψ 与 σ_{ij} 无关,因此有

$$\frac{\partial f}{\partial\sigma_{ij}} = \frac{\partial\sigma_e}{\partial\sigma_{ij}} = \frac{3}{2}\frac{1}{\sigma_e}s_{ij} \tag{1-8}$$

式中:s_{ij} 为应力偏张量。

将式(1-8)代入式(1-7),则式(1-7)转化为

$$\mathrm{d}\varepsilon^{\mathrm{e}}_{ij} = h\frac{9}{4}\frac{1}{\sigma_e^2}s_{ij}s_{kl}\mathrm{d}\sigma_{kl} \tag{1-9}$$

当结构进行加载时,h 的取值可以利用材料的单向拉伸试验曲线确定。采用兰贝格-奥斯古德(Ramberg-Osgood)方程对该曲线进行拟合,其表达式为

$$\varepsilon = \varepsilon^{\mathrm{e}} + \varepsilon^{\mathrm{p}} = \frac{\sigma}{E} + \frac{3}{7}\frac{\sigma}{E}\left(\frac{\sigma}{\sigma_y}\right)^{n_{\mathrm{h}}-1} \tag{1-10}$$

式中:σ_y 为名义屈服应力;n_{h} 为硬化系数,两者均为曲线拟合参数。

显然,在单向拉伸状态下,$\sigma=\sigma_e$,则

$$h = \frac{\mathrm{d}\varepsilon^{\mathrm{p}}}{\mathrm{d}\sigma} = \frac{3}{7}\frac{n}{E}\left(\frac{\sigma}{\sigma_y}\right)^{n_h-1} \tag{1-11}$$

综上,应变增量 $\mathrm{d}\varepsilon_{ij}$ 的表达式为

$$\mathrm{d}\varepsilon_{ij} = \mathrm{d}\varepsilon^{\mathrm{e}}_{ij} + \mathrm{d}\varepsilon^{\mathrm{p}}_{ij} = \frac{1}{E}\Big[(1+\mu)\mathrm{d}\sigma_{ij} - \mu\sigma_{kk}\delta_{ij}\Big] + h\frac{9}{4}\frac{1}{\sigma_e^2}s_{ij}s_{kl}\mathrm{d}\sigma_{kl} \tag{1-12}$$

式中

$$h = \begin{cases} \dfrac{3}{7}\dfrac{n}{E}\left(\dfrac{\sigma_e}{\sigma_y}\right)^{n_{\mathrm{h}}-1}, & \mathrm{d}\sigma_e d > 0 \\ 0, & \mathrm{d}\sigma_e \leqslant 0 \end{cases}$$

近似地,第(i+1)个增量步下的应力、应变全量可由第i个增量步下的应力、应变全量以及当前增量步下的应力、应变增量之和确定,即有

$$\begin{cases} \sigma_{ij}^{(i+1)} = \sigma_{ij}^{(i)} + \mathrm{d}\sigma_{ij} \\ \varepsilon_{ij}^{(i+1)} = \varepsilon_{ij}^{(i)} + \mathrm{d}\varepsilon_{ij} \end{cases}$$ （1-13）

式中:i=0, 1, 2, $\cdots$为非负整数。

3）能量方程

根据虚功原理建立能量平衡方程,即结构总位能增量的变分为 0,则有

$$\partial(\mathrm{d}\Pi) = \partial(\mathrm{d}U - \mathrm{d}W) = \partial(\mathrm{d}U) - \partial(\mathrm{d}W) = 0$$ （1-14）

式中:变形能增量的变分为

$$\delta(\mathrm{d}U) = \int_0^L \int_0^{\pi/2} \int_{-h/2}^{h/2} \left[(\sigma_{ij} + \mathrm{d}\sigma_{ij}) \delta(\mathrm{d}\varepsilon_{ij}) \right] (R+z)\mathrm{d}z\mathrm{d}\theta\mathrm{d}x$$ （1-15）

外力功增量的变分为

$$\delta(\mathrm{d}W) = -(P + \Delta P)\delta(\mathrm{d}\Delta V)$$ （1-16）

式中: P 和 ΔV 分别为当前增量步下管道结构的外部水压承载力(简称"外压")以及与初始构型相比的体积变化量;ΔP 为水压载荷增量。

ΔV 可以由中性层上各点的位移变化量计算得到,当忽略位移三阶以上的高阶量的影响时,其表达式可以写作

$$\Delta V = \int_0^L \int_0^{\pi/2} \left[w + \frac{1}{2}\left(w\frac{\partial u}{\partial x} - \frac{\partial w}{\partial x}u \right) + \frac{1}{2R}\left(w^2 + w\frac{\partial v}{\partial \theta} - v\frac{\partial w}{\partial \theta} + v^2 \right) \right] R\mathrm{d}\theta\mathrm{d}x$$ （1-17）

由于几何方程与物理方程中均涉及高阶非线性项,因此式(1-14)是一个多维非线性方程组,只能通过数值离散的方法进行求解。利用能量方程(1-14)至(1-17)进行逐步加载。当外压承载力超过屈曲压溃压力时,管道结构失去稳定性,不会存在任何一种构型能够满足能量平衡关系,即方程(1-14)无解。由此,在逐步加载的过程中,定义使能量方程无解的最大外压 P,即为所求的屈曲压溃压力临界值 P_{co}。

3. 离散求解过程

1）模型的进一步简化

深水海底管道往往绵延上百甚至上千千米,相对而言其轴向长度远远大于其横截面尺度,同时其受到的外部水压也可以认为是轴向一致的,因此可以假定任一横截面均具有同等地位,且发生轴向一致的变形过程。显然,由此可以得到 $\gamma_{x\theta}=\gamma_{xz}=0$, $\varepsilon_{xx} \equiv \varepsilon_{\mathrm{k}}$,其中 ε_{k} 为与坐标无关的未知量,即截面不发生任何横向弯曲,任一点的轴向位移均保持一致。由此,结构将进一步简化为一个二维的圆环模型。

另外,为了保证上述条件成立,还需要假定管道结构的初始缺陷 w_0 也是沿轴向一致的。实际的缺陷往往仅局限于管道的某个局部,将其简化为轴向一致的情况可能会使得分析计算得到的屈曲压溃压力偏低,这在工程设计的安全性上是可以接受的。同时,初始缺陷通常被设定为椭圆度幅值的形式,同样是基于保守估计的考虑,其表达式为

$$w_0 = -\Delta_0 R \cos 2n\theta$$ （1-18）

初始缺陷的轴向尺度以及基本形式对屈曲压溃压力的影响将在第 4 章中进行详细论述。

考虑结构与载荷的对称性，仅取 $\theta=0°\sim90°$ 的 1/4 模型作为分析对象。为了满足位移边界条件，分别选择正弦级数与余弦级数对独立的位移未知数进行离散，即有

$$v = R\sum_{n=1}^{N} v_n \sin 2n\theta \tag{1-19a}$$

$$\varphi_2 = \sum_{n=1}^{N} \varphi_n \sin 2n\theta \tag{1-19b}$$

$$w = R\sum_{n=1}^{N} w_n \cos 2n\theta \tag{1-19c}$$

$$\chi_1 = R\sum_{n=1}^{N} \chi_n \cos 2n\theta \tag{1-19d}$$

式中：v_n、φ_n、w_n、χ_n 以及 ε_k 共同构成了求解该问题的（$4N+3$）个未知数。计算分析表明，当 N 取 6 时，即可达到满意的精度。

2）解算过程

根据上述简化，在任一增量步下，式（1-5）表示的几何方程退化为

$$\varepsilon_{xx} = \varepsilon_k \tag{1-20a}$$

$$\varepsilon_{\theta\theta} = \varepsilon_{\theta\theta,0} + z\left(k_{\theta\theta}^{(0)} + zk_{\theta\theta}^{(1)} + z^2 k_{\theta\theta}^{(2)}\right) \tag{1-20b}$$

$$\varepsilon_{zz} = \varepsilon_{zz,0} + z\left(k_{zz}^{(0)} + zk_{zz}^{(1)}\right) \tag{1-20c}$$

$$\gamma_{\theta z} = 2\varepsilon_{\theta z} = \gamma_{\theta z,0} + z^2 k_{\theta z}^{(1)} \tag{1-20d}$$

其中

$$\varepsilon_{\theta\theta,0} = \left(1+\frac{w_0}{R}\right)\left(\frac{1}{R}\frac{\partial v}{\partial \theta}+\frac{w}{R}\right) + \frac{1}{R}\frac{\partial w_0}{\partial \theta}\left(\frac{1}{R}\frac{\partial w}{\partial \theta}-\frac{v}{R}\right) + \frac{1}{2}\left[\left(\frac{1}{R}\frac{\partial v}{\partial \theta}+\frac{w}{R}\right)^2 + \left(\frac{1}{R}\frac{\partial w}{\partial \theta}-\frac{v}{R}\right)^2\right]$$

$$\varepsilon_{zz,0} = \chi_1$$

$$\gamma_{\theta z,0} = \varphi_2 + \frac{1}{R}\frac{\partial w}{\partial \theta}$$

$$k_{\theta\theta}^{(0)} = \frac{1}{R}\frac{\partial \varphi_2}{\partial \theta} - \frac{w}{R^2} + \frac{\chi_1}{R}$$

$$k_{\theta\theta}^{(1)} = -\frac{1}{R^2}\left(\frac{1}{2}\frac{\partial \varphi_2}{\partial \theta}-\frac{w}{R}-\frac{1}{2R}\frac{\partial^2 w}{\partial \theta^2}\right) - \frac{\chi_1}{R^2} + \frac{\chi_2}{R} - \frac{1}{2R^2}\frac{\partial^2 \chi_1}{\partial \theta^2}$$

$$k_{\theta\theta}^{(2)} = -\frac{4}{t}\left(\frac{1}{R}\frac{\partial \varphi_2}{\partial \theta}+\frac{1}{R^2}\frac{\partial^2 w}{\partial \theta^2}\right) - \frac{1}{3R^2}\left(-\frac{1}{R}\frac{\partial \varphi_2}{\partial \theta}+\frac{2}{R^2}\frac{\partial^2 w}{\partial \theta^2}-\frac{1}{R^2}\frac{\partial v}{\partial \theta}\right) +$$

$$\frac{\chi_1}{R^3} + \frac{\chi_2}{R^2} + \frac{\chi_3}{R} + \frac{1}{R^2}\frac{\partial^2}{\partial \theta^2}\left(\frac{2}{3}\frac{\chi_1}{R^1}-\frac{\chi_2}{3}+\frac{t^2}{16}\frac{\chi_3}{R}\right)$$

$$k_{zz}^{(0)} = 2\chi_2$$

$$k_{zz}^{(1)} = 3\chi_3$$

$$k_{\theta z}^{(1)} = -\frac{4}{h^2}\left(\varphi_2 + \frac{1}{R}\frac{\partial w}{\partial \theta}\right) + \frac{3h^2}{16R^2}\frac{\partial \chi_3}{\partial \theta}$$

式中:χ_2 与 χ_3 不必作为独立的未知数,可以根据径向应力的边界条件 $\sigma_{zz|z=\pm t/2}=0$ 近似得到。

在第($i+1$)个增量步下,由于第 i 步的各个物理量均为已知,因此可根据式(1-20)求得第($i+1$)步的应变全量,再利用式(1-13)得到应变增量 $\mathrm{d}\varepsilon_{ij}$。将式(1-9)表示的物理方程张量形式改写为矩阵形式,构造柔度矩阵 $\boldsymbol{C}$,则有

$$\begin{Bmatrix} \mathrm{d}\varepsilon_{xx} \\ \mathrm{d}\varepsilon_{\theta\theta} \\ \mathrm{d}\varepsilon_{zz} \\ \mathrm{d}\gamma_{z\theta} \end{Bmatrix} = [\boldsymbol{C}]_{4\times4}\begin{Bmatrix} \mathrm{d}\sigma_{xx} \\ \mathrm{d}\sigma_{\theta\theta} \\ \mathrm{d}\sigma_{zz} \\ \mathrm{d}\sigma_{z\theta} \end{Bmatrix} \tag{1-21}$$

其中

$$C_{11} = \frac{1}{E} + h^{(i)}\frac{9}{4}\frac{1}{\left(\sigma_e^{(i)}\right)^2}\left(s_{xx}^{(i)}\right)^2$$

$$C_{12} = C_{21} = \frac{\mu}{E} + h^{(i)}\frac{9}{4}\frac{1}{\left(\sigma_e^{(i)}\right)^2}s_{xx}^{(i)}s_{\theta\theta}^{(i)}$$

$$C_{13} = C_{31} = -\frac{\mu}{E} + h^{(i)}\frac{9}{4}\frac{1}{\left(\sigma_e^{(i)}\right)^2}s_{xx}^{(i)}s_{zz}^{(i)}$$

$$C_{14} = C_{41} = 2h^{(i)}\frac{9}{4}\frac{1}{\left(\sigma_e^{(i)}\right)^2}s_{xx}^{(i)}s_{zz}^{(i)}$$

$$C_{22} = \frac{1}{E} + h^{(i)}\frac{9}{4}\frac{1}{\left(\sigma_e^{(i)}\right)^2}\left(s_{\theta\theta}^{(i)}\right)^2$$

$$C_{23} = C_{32} = \frac{\mu}{E} + h^{(i)}\frac{9}{4}\frac{1}{\left(\sigma_e^{(i)}\right)^2}s_{\theta\theta}^{(i)}s_{zz}^{(i)}$$

$$C_{24} = C_{42} = 2h^{(i)}\frac{9}{4}\frac{1}{\left(\sigma_e^{(i)}\right)^2}s_{\theta\theta}^{(i)}s_{z\theta}^{(i)}$$

$$C_{33} = \frac{1}{E} + h^{(i)}\frac{9}{4}\frac{1}{\left(\sigma_e^{(i)}\right)^2}\left(s_{zz}^{(i)}\right)^2$$

$$C_{34} = C_{43} = 2h^{(i)}\frac{9}{4}\frac{1}{\left(\sigma_e^{(i)}\right)^2}s_{zz}^{(i)}s_{z\theta}^{(i)}$$

$$C_{44} = \frac{2(1+\mu)}{E} + 4h^{(i)}\frac{9}{4}\frac{1}{\left(\sigma_e^{(i)}\right)^2}\left(s_{\theta z}^{(i)}\right)^2$$

h 由下式确定:

$$h^{(i)} = \begin{cases} \dfrac{3}{7}\dfrac{n}{E}\left(\dfrac{\sigma_e^{(i)}}{\sigma_y}\right)^{n_{\mathrm h}-1}, & \mathrm{d}\sigma_e > 0 \\[3mm] 0, & \mathrm{d}\sigma_e \le 0 \end{cases}$$

式中：$\mathrm{d}\sigma_e$ 为第 i 步下的计算结果。通过对 $\boldsymbol{C}$ 求逆，即可得到应力增量 $\mathrm{d}\sigma_{ij}$，进而利用式（1-14）求得第（i+1）步的应力全量。

由此，第（i+1）步下的式（1-15）和式（1-16）可以改写为

$$\delta(\mathrm{d}U) = \int_0^{\pi/2}\int_{-h/2}^{h/2} \sigma_{ij}^{(i+1)}\delta(\mathrm{d}\varepsilon_{ij})(R+z)\,\mathrm{d}z\,\mathrm{d}\theta$$

$$\delta(\mathrm{d}W) = -P^{(i+1)}\delta(\mathrm{d}\Delta V)$$

$$= -P^{(i+1)}\int_0^{\pi/2}\left[\delta W + \frac{1}{2R}\left(2w\delta w + \delta w\frac{\partial v}{\partial\theta} + w\delta\left(\frac{\partial v}{\partial\theta}\right) - \delta v\frac{\partial w}{\partial\theta} - v\delta\left(\frac{\partial w}{\partial\theta}\right) + 2v\delta v\right)\right]R\,\mathrm{d}\theta$$

则式（1-15）表示的能量方程即可转化为

$$\frac{\partial(\mathrm{d}\Pi)}{\partial v_n} = \int_0^{\pi/2}\int_{-h/2}^{h/2}\begin{bmatrix}\sigma_{xx}^{(i+1)}\dfrac{\partial(\mathrm{d}\varepsilon_{xx})}{\partial v_n} \\[3mm] \sigma_{\theta\theta}^{(i+1)}\dfrac{\partial(\mathrm{d}\varepsilon_{\theta\theta})}{\partial v_n} \\[3mm] \sigma_{zz}^{(i+1)}\dfrac{\partial(\mathrm{d}\varepsilon_{zz})}{\partial v_n} \\[3mm] \sigma_{x\theta}^{(i+1)}\dfrac{\partial(\mathrm{d}\gamma_{z\theta})}{\partial v_n}\end{bmatrix}(R+z)\,\mathrm{d}z\,\mathrm{d}\theta + P^{(i+1)}\frac{\partial(\mathrm{d}\Delta V)}{\partial v_n} = 0, n = 1,2,\cdots,N \quad (1\text{-}22\mathrm{a})$$

$$\frac{\partial(\mathrm{d}\Pi)}{\partial\varphi_n} = \int_0^{\pi/2}\int_{-h/2}^{h/2}\begin{bmatrix}\sigma_{xx}^{(i+1)}\dfrac{\partial(\mathrm{d}\varepsilon_{xx})}{\partial\varphi_n} + \sigma_{\theta\theta}^{(i+1)}\dfrac{\partial(\mathrm{d}\varepsilon_{\theta\theta})}{\partial\varphi_n} \\[3mm] \sigma_{zz}^{(i+1)}\dfrac{\partial(\mathrm{d}\varepsilon_{zz})}{\partial\varphi_n} + \sigma_{x\theta}^{(i+1)}\dfrac{\partial(\mathrm{d}\gamma_{z\theta})}{\partial\varphi_n}\end{bmatrix}(R+z)\,\mathrm{d}z\,\mathrm{d}\theta = 0, n = 1,2,\cdots,N \quad (1\text{-}22\mathrm{b})$$

$$\frac{\partial(\mathrm{d}\Pi)}{\partial w_n} = \int_0^{\pi/2}\int_{-h/2}^{h/2}\begin{bmatrix}\sigma_{xx}^{(i+1)}\dfrac{\partial(\mathrm{d}\varepsilon_{xx})}{\partial w_n} \\[3mm] \sigma_{\theta\theta}^{(i+1)}\dfrac{\partial(\mathrm{d}\varepsilon_{\theta\theta})}{\partial w_n} \\[3mm] \sigma_{zz}^{(i+1)}\dfrac{\partial(\mathrm{d}\varepsilon_{zz})}{\partial w_n} \\[3mm] \sigma_{x\theta}^{(i+1)}\dfrac{\partial(\mathrm{d}\gamma_{z\theta})}{\partial w_n}\end{bmatrix}(R+z)\,\mathrm{d}z\,\mathrm{d}\theta + P^{(i+1)}\frac{\partial(\mathrm{d}\Delta V)}{\partial w_n} = 0, n = 1,2,\cdots,N \quad (1\text{-}22\mathrm{c})$$

$$\frac{\partial(\mathrm{d}\Pi)}{\partial\chi_n} = \int_0^{\pi/2}\int_{-h/2}^{h/2}\begin{bmatrix}\sigma_{xx}^{(i+1)}\dfrac{\partial(\mathrm{d}\varepsilon_{xx})}{\partial\chi_n} + \sigma_{\theta\theta}^{(i+1)}\dfrac{\partial(\mathrm{d}\varepsilon_{\theta\theta})}{\partial\chi_n} \\[3mm] \sigma_{zz}^{(i+1)}\dfrac{\partial(\mathrm{d}\varepsilon_{zz})}{\partial\chi_n} + \sigma_{x\theta}^{(i+1)}\dfrac{\partial(\mathrm{d}\gamma_{z\theta})}{\partial\chi_n}\end{bmatrix}(R+z)\,\mathrm{d}z\,\mathrm{d}\theta = 0, n = 1,2,\cdots,N \quad (1\text{-}22\mathrm{d})$$

$$\frac{\partial(\mathrm{d}\Pi)}{\partial \varepsilon_k} = \int_0^{\pi/2} \int_{-h/2}^{h/2} \left[\begin{array}{l} \sigma_{xx}^{(i+1)} \dfrac{\partial(\mathrm{d}\varepsilon_{xx})}{\partial \varepsilon_k} + \sigma_{\theta\theta}^{(i+1)} \dfrac{\partial(\mathrm{d}\varepsilon_{\theta\theta})}{\partial \varepsilon_k} \\ \sigma_{zz}^{(i+1)} \dfrac{\partial(\mathrm{d}\varepsilon_{zz})}{\partial \varepsilon_k} + \sigma_{x\theta}^{(i+1)} \dfrac{\partial(\mathrm{d}\gamma_{z\theta})}{\partial \varepsilon_k} \end{array} \right] (R+z)\mathrm{d}z\mathrm{d}\theta = 0 \qquad (1\text{-}22\mathrm{e})$$

根据上面的（ $4N+3$ ）个方程，求解相应的（ $4N+3$ ）个未知数，即可计算出第（ $i+1$ ）步下的结构响应，完成该步的加载。

3）程序设计

按照上述的离散求解思路编写计算程序，其流程框图如图 1-3 所示。

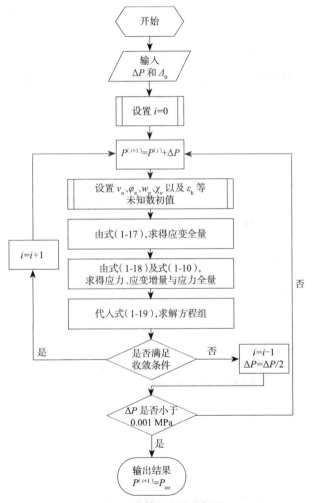

图 1-3　计算程序流程框图

当 $i=0$ 时，ε_{ij}、σ_{ij} 及 h 的初始值均为 0，即认为结构上不存在残余应变或残余应力，外压 P 从 0 开始逐步加载。

计算过程中的所有积分均采用高斯积分法求得。根据试算，环向积分阶数取为 14、径向积分阶数取为 6，即可得到比较满意的精度。

在每个加载步下，各未知数的初值列阵 **X** 同样设定为 **0**。采用牛顿迭代法求解非线性方程组,即将 X 代入式(1-20)至式(1-22),得到由各个方程的值组成的列阵 F,并对各个方程依次求关于各个未知数的偏导数,形成雅可比矩阵 J,进而可根据下式得到更新的解列阵 X':

$$X' = X - J^{-1}F \qquad\qquad (1-23)$$

根据 $|X-X'|$ 的二范数是否小于某一个较小的容许误差 δ 判定解是否满足收敛条件,即当 $|X-X'|$ 的二范数小于 δ 时,认为方程的解已收敛于 X',否则令 $X=X'$,继续迭代过程。由于位移未知数均为无量纲的量,因此计算中取 $\delta=10^{-12}$。如果迭代次数超过 10 次,则认为方程组无法达到收敛,当前增量步下求得的响应可能已经失真,因此令 $i=i-1$,并将水压增量 ΔP 减半,重新进行加载计算。

若 ΔP 已减至小于 0.001 MPa,则认为继续加载结构将发生屈曲失稳,此时的 $P^{(i+1)}$ 即可作为屈曲压溃压力 P_{co}。

利用 MATLAB 进行编程计算,其加载过程的输出显示如图 1-4 所示。计算完成之后可输出需要的响应结果,如图 1-5 所示为压溃时刻截面的径向位移云图。

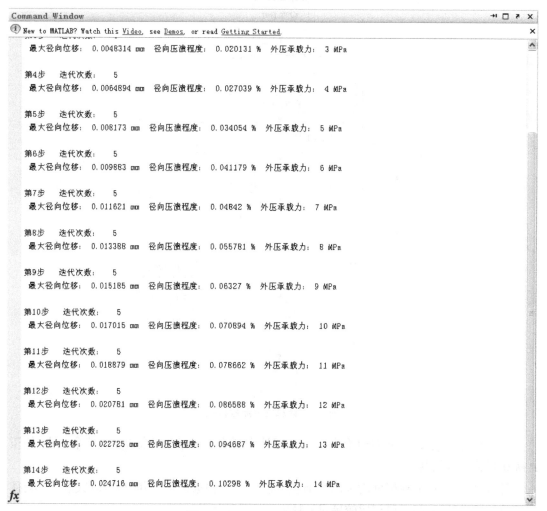

图 1-4　MATLAB 中的 GUI 输出

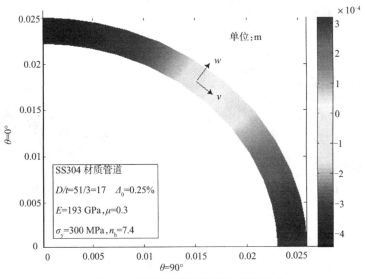

图 1-5　压溃时刻截面的径向位移云图

1.2.2　全尺寸管道局部屈曲试验研究

1. 设备介绍

天津大学全尺寸深海压力舱如图 1-6 所示,全长为 11.5 m,内径为 1.25 m,设计承压能力为 110 MPa,可容纳 8 m 长的全尺寸试验管件。为完成水压试验,全尺寸深海压力舱还配备了电动控制阀和高性能加压泵,分别如图 1-7 和图 1-8 所示。

图 1-6　天津大学全尺寸深海压力舱

图 1-7　电动控制阀

图 1-8　高性能加压泵

现阶段深海压力舱已完成设备的升级改造,成为国际领先、国内第一的全尺寸多功能深海压力舱,侧向振动载荷加载系统由高水压激振头和液压泵站两大部分组成,用于模拟海底管道及立管系统在作业过程中受到的振动载荷,实现高压环境下对试验管件施加激振力载荷,模拟管道运营期间所受涡激力及地震载荷,侧向振动载荷的加载基本原理如图 1-9 所示。

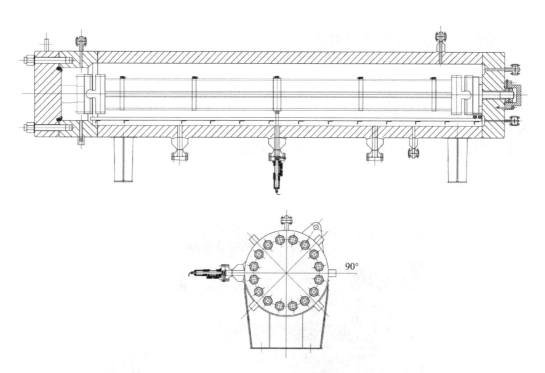

图 1-9　侧向振动载荷加载基本原理示意图

侧向振动载荷加载系统主要技术指标如下。

（1）最大激振力：50 kN。

（2）激振头个数：1 。

（3）频率范围：0.1~40 Hz。

（4）最大加速度：20 m/s²。

（5）控制波形：正弦波、地震波、随机波（可手动输入波形文件）。

（6）控制精度：±1%。

（7）加工和装配：必须符合零件图和装配图的要求。

2. 全尺寸厚壁管道试验流程

全尺寸深海压力舱能够完成海工领域实际管道的屈曲试验，首先将标准长度为 12 m 的实际海底管道（图 1-10）切割至指定长度（8 m，图 1-11）；然后在管件两端开坡口并进行两端法兰盘的焊接（图 1-12），并借助除锈剂、除锈铁刷和砂纸对试验管件进行浮锈和特定部位的清理。还需要对管件的几何尺寸进行测量，利用三坐标关节臂可以准确描述管道的外轮廓，同时配合测厚仪采集管道壁厚数值（图 1-13），最终得到的试验管件几何参数见表 1-1；同时从原始管材上切割试验片，利用万能试验机完成管道材料性能的测量，如图 1-14 所示。

图 1-10　吊装中的原始管件

图 1-11　原始管件切割

图 1-12　焊接两端法兰

图 1-13　测厚仪测量管道壁厚

表 1-1　试验管件的几何参数

编号	直径 D/mm	壁厚 t/mm	材质	初始椭圆度幅值 Δ_0/%	长度 L/mm
F1	325	20.0	API X65	0.2	8 000
F2	325	20.0	API X65	0.5	8 000
F3	325	20.0	API X65	0.8	8 000
F4	325	20.0	API X65	1.0	8 000

编号	直径 D/mm	壁厚 t/mm	材质	初始椭圆度幅值 Δ_0/%	长度 L/mm
F5	325	16.1	API X65	0.2	8 000
F6	325	16.1	API X65	0.5	8 000
F7	325	16.1	API X65	0.8	8 000
F8	325	16.1	API X65	1.2	8 000
F9	273	10.0	API X65	0.2	8 000
F10	273	10.0	API X65	0.5	8 000
F11	273	10.0	API X65	0.7	8 000
F12	273	10.0	API X65	1.0	8 000

图 1-14　管道材料性能测量

为记录试验过程中管道的变形时程曲线,需要在管道表面粘贴应变片,通过动态应变采集仪显示管道的变形过程。为保证应变片和管道的贴合度,需用打磨机对粘贴部位先进行打磨抛光(图 1-15),再粘贴应变片(图 1-16),焊接引出线(图 1-17),使用硅胶和蜜月胶对引出线进行固定并在其上涂硅胶作防水抗压处理(图 1-18),最后将应变片引出线与动态应变采集仪相连,实时测量管件的变形和力学状态。

图 1-15　打磨抛光

图 1-16　粘贴应变片

图 1-17　焊接引出线

图 1-18　分层涂抹蜜月胶和硅胶

完成管道试验前期准备后,将管件吊起,并通过全尺寸深海压力舱的前舱门小车将其送进舱内(图 1-19),利用大螺栓锁紧舱门,保证舱内水密环境,最后利用加压泵完成深海压力舱的加压过程。

图 1-19　试验管件进舱

3. 试验结果分析

完成试验后,试验管件压溃情况如图 1-20 所示。完成试验结果的整理,并将试验管件的几何尺寸和材料参数输入至管道屈曲压溃理论模型中,得到试验结果和理论结果的对比,见表 1-2。

图 1-20　试验管件压溃情况

表 1-2　试验结果汇总

编号	直径 D/mm	壁厚 t/mm	材质	初始椭圆度幅值 Δ_0 /%	试验结果 P_{co} /MPa	计算结果 P_{cal} /MPa
F1	325	20	API X65	0.2	34.30	36.64
F2	325	20	API X65	0.5	31.03	34.11
F3	325	20	API X65	0.8	29.40	32.25
F4	325	20	API X65	1.0	28.31	30.55
F5	325	16.1	API X65	0.2	23.45	25.24
F6	325	16.1	API X65	0.5	21.86	23.08
F7	325	16.1	API X65	0.8	19.83	21.35
F8	325	16.1	API X65	1.2	18.41	20.12
F9	273	10	API X65	0.2	14.02	14.73
F10	273	10	API X65	0.5	13.12	13.74
F11	273	10	API X65	0.7	12.44	13.13
F12	273	10	API X65	1.0	11.36	11.87

从试验结果和理论模型计算结果的对比来看,两者表现相一致,误差均在允许范围内,从模型试验结果可以验证厚壁理论模型的正确性。

1.2.3　屈曲压溃压力敏感性分析

1. 径厚比

以 P 系列算例作为基础(SS304 不锈钢,弹性模量为 193 GPa,泊松比为 0.3,屈服强度为 348 MPa),取定 Δ_0=0.25%、t=3 mm,分别取 D=45 mm、54 mm、63 mm、72 mm、81 mm、90 mm,即对应径厚比分别为 15、18、21、24、27、30,其他参数不变,利用 DNV 规范标准(式(1-3))、薄壳理论、中厚壳理论和三维实体理论(ABAQUS C3D8I 单元)进行计算,得到的结果如表 1-3 和图 1-21 所示。

表 1-3　径厚比敏感性分析计算结果

编号	D/mm	D/t	P_{co} /MPa			
			DNV 规范	薄壳理论	中厚壳理论	三维实体理论
PR-1	45	15	43.81	44.55	48.81	45.55
PR-2	54	18	35.42	32.64	34.07	35.80
PR-3	63	21	28.79	24.79	25.31	28.38
PR-4	72	24	22.92	19.27	19.39	22.39
PR-5	81	27	17.74	15.15	15.05	17.46
PR-6	90	30	13.60	11.91	11.83	13.58

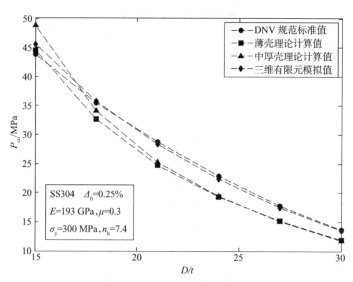

图 1-21 屈曲压溃压力－径厚比敏感性曲线

分析上述计算结果,在算例涵盖的参数范围内,可以得出以下结论。

(1)四种计算方法得到的结果均表明,屈曲压溃压力随着管道径厚比的增大而减小。

(2)径厚比较大时,薄壳理论计算值与中厚壳理论计算值几乎一致,而 DNV 规范标准值与三维有限元模拟值几乎一致,后者的计算结果相对于前者偏高,即 DNV 规范标准值在不取安全裕度的前提下相比于薄壳理论和中厚壳理论计算值偏于危险。

(3)随着径厚比逐渐减小,中厚壳理论计算值将逐渐偏高,与其他方法计算结果之间的相对误差也逐渐增大;与此同时,DNV 规范标准值在不取安全裕度的前提下将逐渐偏低,当径厚比为 15 时,其值已低于其他方法计算结果,相对偏于保守。

2. 初始椭圆度幅值

以 P 系列算例作为基础,分别取 Δ_0=0.25%、0.50%、0.75%、1.00%、1.25% 1.50%,其他参数不变,利用 DNV 规范标准(式(1-3))、薄壳理论、中厚壳理论和三维实体理论(ABAQUS C3D8I 单元)进行计算,得到的结果如表 1-4 和图 1-22 所示。为便于分析对比,图中纵坐标取 P_{co} 与 P_p 的比作为无量纲化参数。

表 1-4 初始椭圆度幅值敏感性分析计算结果

编号	Δ_0/%	P_{co}/MPa			
		DNV 规范	薄壳理论	中厚壳理论	三维实体理论
PO-1	0.25	37.95	36.13	38.02	38.73
PO-2	0.50	35.46	34.14	36.22	35.99
PO-3	0.75	33.31	32.52	34.78	33.75
PO-4	1.00	31.43	31.14	33.44	31.86
PO-5	1.25	29.76	29.79	32.19	30.31
PO-6	1.50	28.26	28.65	31.07	28.98

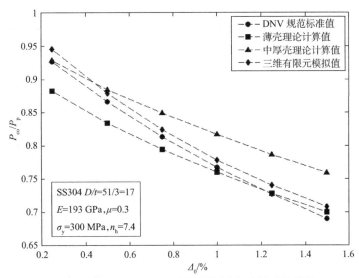

图 1-22　屈曲压溃压力－初始椭圆度幅值敏感性曲线

分析上述计算结果,在算例涵盖的参数范围内,可以得出以下结论。

(1)四种计算方法得到的结果均表明,屈曲压溃压力随着管道初始椭圆度的增大而减小。

(2)针对相同的初始椭圆度幅值,中厚壳理论计算值大于薄壳理论计算值,二者敏感性曲线的变化趋势基本一致;而 DNV 规范标准值则略小于三维有限元模拟值,二者敏感性曲线的变化趋势基本一致,且相对误差较小。

(3)初始椭圆度幅值较小时,DNV 规范标准值与三维有限元模拟值更接近中厚壳理论计算值,反之则更接近薄壳理论计算值。

3. 屈服强度

以 P 系列算例作为基础,取定 $\Delta_0=0.25\%$,分别取 $\sigma_y=270$ MPa、280 MPa、290 MPa、300 MPa、310 MPa、320 MPa,其他参数不变,利用 DNV 规范标准(式(1-3))、薄壳理论、中厚壳理论和三维实体理论(ABAQUS C3D8I 单元)进行计算。ABAQUS 软件中采用的是金属材料的经典塑性理论,塑性材料的离散数据见表 1-5。

表 1-5　塑性材料的离散数据

编号	PS1		PS2		PS3	
	σ/Pa	ε_{pl}	σ/Pa	ε_{pl}	σ/Pa	ε_{pl}
1	3.18E+08	0	3.28E+08	0	3.38E+08	0
2	3.20E+08	2.1078886E-03	3.30E+08	2.0972860E-03	3.40E+08	2.0895978E-03
3	3.30E+08	2.6469209E-03	3.40E+08	2.6157636E-03	3.50E+08	2.5895378E-03
4	3.40E+08	3.3012757E-03	3.50E+08	3.2415896E-03	3.60E+08	3.1897543E-03
5	3.50E+08	4.0911118E-03	3.60E+08	3.9929421E-03	3.70E+08	3.9067127E-03
6	3.60E+08	5.0393709E-03	3.70E+08	4.8904324E-03	3.80E+08	4.7590179E-03

编号	PS1		PS2		PS3	
	σ/Pa	ε_{pl}	σ/Pa	ε_{pl}	σ/Pa	ε_{pl}
7	3.70E+08	6.1720662E−03	3.80E+08	5.9573501E−03	3.90E+08	5.7676223E−03
8	3.80E+08	7.5185905E−03	3.90E+08	7.2199235E−03	4.00E+08	6.9560494E−03
9	3.90E+08	9.1120461E−03	4.00E+08	8.7075994E−03	4.10E+08	8.3506303E−03
10	4.00E+08	1.0989597E−02	4.10E+08	1.0453339E−02	4.20E+08	9.9807567E−03
11	4.10E+08	1.3192842E−02	4.20E+08	1.2493935E−02	4.30E+08	1.1879148E−02
12	4.20E+08	1.5768216E−02	4.30E+08	1.4870346E−02	4.40E+08	1.4082136E−02

编号	PS4		PS5		PS6	
	σ/Pa	ε_{pl}	σ/Pa	ε_{pl}	σ/Pa	ε_{pl}
1	3.48E+08	0	3.58E+08	0	3.68E+08	0
2	3.50E+08	2.0844592E−03	3.60E+08	2.0815631E−03	3.70E+08	2.0806489E−03
3	3.60E+08	2.5676060E−03	3.70E+08	2.5494343E−03	3.80E+08	2.5345722E−03
4	3.70E+08	3.1447247E−03	3.80E+08	3.1056298E−03	3.90E+08	3.0717378E−03
5	3.80E+08	3.8307913E−03	3.90E+08	3.7638227E−03	4.00E+08	3.7046739E−03
6	3.90E+08	4.6426716E−03	4.00E+08	4.5393639E−03	4.10E+08	4.4474040E−03
7	4.00E+08	5.5993010E−03	4.10E+08	5.4494366E−03	4.20E+08	5.3155816E−03
8	4.10E+08	6.7218747E−03	4.20E+08	6.5132210E−03	4.30E+08	6.3266326E−03
9	4.20E+08	8.0340517E−03	4.30E+08	7.7520691E−03	4.40E+08	7.4999065E−03
10	4.30E+08	9.5621697E−03	4.40E+08	9.1896902E−03	4.50E+08	8.8568369E−03
11	4.40E+08	1.1335474E−02	4.50E+08	1.0852347E−02	4.60E+08	1.0421110E−02
12	4.50E+08	1.3386359E−02	4.60E+08	1.2769063E−02	4.70E+08	1.2218846E−02

注:ε_{pl}为塑性应变,其值可根据 Ramberg-Osqood 模型拟合公式得到。

四种方法的计算结果如表 1-6 和图 1-23 所示。为便于分析对比,图中纵坐标取 P_{co} 与 P_p 的比作为无量纲化参数,横坐标取 $\sigma_{0.2\%}$ 与 E 的比作为无量纲化参数。

表 1-6 屈服强度敏感性分析计算结果

编号	σ_y/MPa	$\sigma_{0.2\%}$/MPa	P_{co}/MPa			
			DNV 规范	薄壳理论	中厚壳理论	三维实体理论
PS-1	270	318	34.84	33.39	35.83	35.72
PS-2	280	328	35.88	34.3	36.57	36.71
PS-3	290	338	36.92	35.19	37.28	37.68
PS-4	300	348	37.95	36.13	38.02	38.73
PS-5	310	358	38.98	37.03	38.81	39.70
PS-6	320	368	40.00	37.69	39.51	40.69

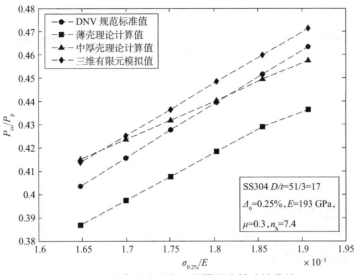

图 1-23　屈曲压溃压力 - 屈服强度敏感性曲线

分析上述计算结果,在算例涵盖的参数范围内,可以得出以下结论。

(1)四种计算方法得到的结果均表明,屈曲压溃压力随着管道屈服强度的提高而增大。

(2)针对相同的屈服强度值,中厚壳理论计算得到的屈曲压溃压力要大于薄壳理论计算值,二者敏感性曲线的变化趋势基本一致;而 DNV 规范标准值则略小于三维有限元模拟值,二者敏感性曲线的变化趋势基本一致,且相对误差较小。

(3)相比于薄壳理论,中厚壳理论计算值与 DNV 规范标准值、三维有限元模拟值之间的相对误差更小,屈服强度较低时中厚壳理论计算值更接近三维有限元模拟值,反之则更接近 DNV 规范标准值。

第 2 章　UOE 焊管局部屈曲

2.1　UOE 制管技术

由于管道应用中水深的增加,管道的结构和材料性能应得到相应的加强,以抵抗高外部压力。受工厂生产能力的限制,大直径厚壁管通常采用 UOE 工艺冷弯成型。如 Kyriakides 所述,几何尺寸和材料参数是影响管道结构性能的主要因素。长期以来,管道的几何外形和沿周向的材料属性已成为前期工作的两个关键方面。因此, UOE 管道制造过程中管道缺陷的评价在海洋工程应用中具有重要意义。

在管型的研究中, Kyriakides 建立了一维模型来模拟 UOE 过程,包括压接、U 形成型、O 形成型、焊接和扩径五个步骤,采用更新的拉格朗日弹塑性有限元法分析 U 形件的回弹问题。基于二维 UOE 数值分析,鹤(Tsuru)发现管道直径的分布与扩径芯轴有关。假设管道截面为椭圆,可以得到很好的内爆压力近似值。借助于 ADINA 软件,发现管道的几何缺陷也受直径、径厚比和应变硬化的影响。通过比较试验数据与数值模拟,托斯卡诺(Toscano)研究了 O 形压缩对椭圆破坏模式和残余应力的影响。帕伦博(Palumbo)在扩展步骤中将二维管道模型扩展为三维管道模型,简化了外壳元素。与其他研究结果相比,该数值模型揭示了 UOE 管道的最终形状与各个成型步骤有关,而不仅仅取决于 O 形成型和扩径步骤。在激光扫描技术的辅助下,弗拉尔迪(Fraldi)证实,利用椭圆度近似 UOE 管道轮廓可以产生较低的坍塌压力,三波缺陷形状将是更好的选择。阿萨内利(Assanelli)得出结论,与 2D ADINA 模型相比,多模态描述的三维管道模拟结果与试验结果非常接近。任强提出,由于在设置边界条件时可以考虑更多细节,因此三维模型比二维模型能更真实地模拟塑性成型过程。

另一方面, UOE 管道承压能力也是许多专家研究的焦点。斯塔克(Stark)进行了 33 次压溃试验,以探索 UOE 管道的结构行为。研究发现,在包申格效应的影响下,最后一步扩径可以降低组合荷载条件下的管道承载能力。对每个成型步骤进行敏感性分析,结果表明用压缩代替最终的扩径步骤,可以大大提高 UOE 管道的抗压能力。

需要指出的是,以往文献中,尚未有研究人员对 UOE 管道的抗内压特性进行研究。由于冷成型工艺,钢板受到不同程度的弯曲和反向弯曲。如图 2-1 所示,在预弯、U 成型、O 成型和扩径的不同阶段,钢板受到不同方向的弯曲作用。Fraldi 指出,材料的不均匀性会影响压溃模态,这可能会导致 UOE 管道承载能力的意外降低。这一现象也曾被 Tsuru 提出,确定周长中最薄弱的位置对于评估管道的抗压溃性能非常重要。

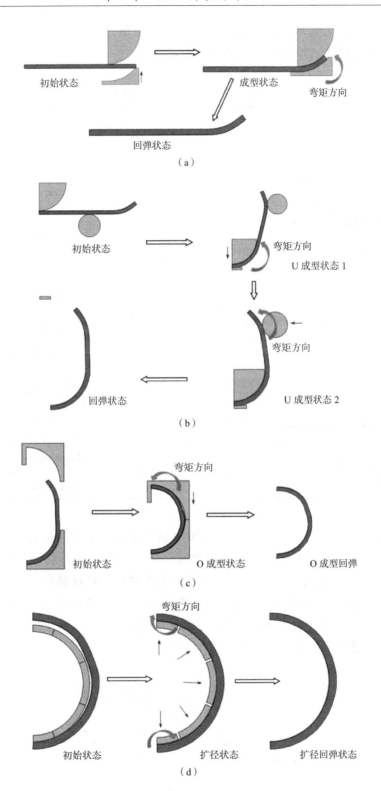

图 2-1　UOE 管道在不同分析步下的受力分析

（a）预弯　（b）U 成型　（c）O 成型　（d）扩径

考虑到计算效率，大多数 UOE 管道制造过程的数值分析都依赖于平面应变假设。表 2-1 总结了目前国内外学者对 UOE 管道的研究进展。

表 2-1　UOE 管道研究进展总结

文献	模型维度	软件	材料属性
Collapse pressure prediction and measurement methodology of UOE pipe	2D UOE 3D collapse	MARC	Tensile test API Bul 5C3 No user-defined material subroutine
Effect of forming and calibration operations on the final shape of large diameter welded tubes	2D UO 3D expansion	ABAQUS	Linear isotropic hardening X70 steel No user-defined material subroutine
Effects of the UOE/UOC pipe manufacturing processes on pipe collapse pressure	2D UOE 2D collapse	ABAQUS	Combined kinematic hardening X70 steel User-defined material subroutine
Numerical model of UOE steel pipes: Forming process and structural behavior	2D UOE 2D collapse	ADINA	Linear kinematic hardening X60 No user-defined material subroutine
Finite element analysis of UOE manufacturing process and its effect on mechanical behavior of offshore pipes	2D UOE 2D collapse under combined loads	ABAQUS	Nonlinear kinematic hardening rule X70 User defined material subroutine
A numerical method for predicting O-forming gap in UOE pipe manufacturing	2D UOE	—	Modified Chaboche hardening model X70 X80 X90 Self-developed numerical method
Numerical study on the X80 UOE pipe forming process	2D UOE	MSC. MARC	Linear kinematic hardening model X80 No user-defined material subroutine

任强和 Palumbo 的工作中提到了 3D UOE 制造工艺的必要性和益处。结果表明，三维模型比二维模型更真实地模拟了塑性成型过程。在设置边界条件时，可以考虑更多细节。由于模型开发和收敛性检验的复杂性，以往的研究主要是对管材制造过程进行二维简化。同时，管道屈曲理论从二维环形模型发展到三维模型。如图 2-2 所示，研究人员认识到两个相邻截面之间的纵向拉伸将加强管道的屈曲和扩展能力。基于平面应变理论的假设，二维环形模型不能考虑纵向拉伸，这可能会低估管道的压溃压力。

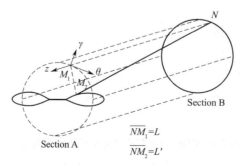

图 2-2　UOE 管道在不同分析步下的受力分析

综上所述,建立三维 UOE 模型主要有以下两个优点。

（1）随着集成化建模过程的发展,三维模型可以沿管道长度追踪管道的成型特征和内应力分布。三维模型可以提供更多的直径样本作为统计数据,这将增强 UOE 管道最终几何轮廓评估的可靠性。此外,还可以为三维 UOE 模型确定最佳的压缩率和扩径率,为管材成型提供参考。

（2）三维 UOE 模型可以考虑两个相邻截面间的轴向拉伸作用,可以更好地预测管道的抗压性能,为实际的工程应用提供数据参考。

2.2　UOE 制管流程介绍

2.2.1　预弯

钢板的预弯主要是通过固定预弯上模具,使下模具向上移动实现的。预弯过程中,钢板的左侧表面设置为 X 轴对称,固定其在 Y 方向和 Z 方向的位移,钢板右侧保持自由。图 2-3 显示了预弯回弹前后的 von Mises（冯·米塞斯）屈服准则等效应力分布云图。可以发现,预弯模具主要作用于接触区,钢板在前后两端出现较大的变形与应力集中的现象;待模具移开后,钢板发生回弹,前后两端仍出现一定的应力、应变残留。

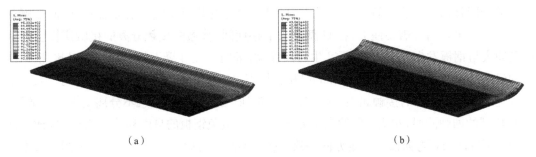

（a）　　　　　　　　　　　　　　　　　（b）

图 2-3　预弯前后的等效应力分布
（a）预弯　（b）预弯回弹

如图 2-4 所示,水平坐标 d 是变形区域（图 2-3）与对称平面（宽度方向）之间的距离,而 PEEQ 表示该区域的等效塑性应变。对比曲线可知,管道残余应变主要集中在 d=600~900 mm 范围内;对于 X70 和 X80 钢板,外表面的等效塑性应变（PEEQ in the outer surface）大于内表面的等效塑性应变（PEEQ in the inner surface）。由于 X70 钢板的塑性模量小,延展性好,相应的等效塑性应变幅值比 X80 钢大。分析厚度方向变形的不均匀性时,X70 钢板内外表面等效塑性应变最大差值为 0.032,X80 钢板内外表面等效塑性应变最大差值小于 0.02。

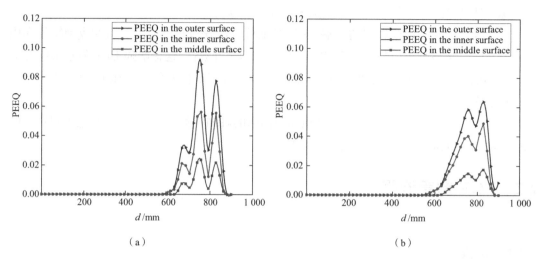

（a）　　　　　　　　　　　　　　　　　（b）

图 2-4　预弯后的等效塑性应变分布

（a）X70　（b）X80

2.2.2　U 成型

U 成型主要包括两步：第一步是通过 U 型冲头下移至基座位置，使钢板的中间位置发生预弯；第二步是侧向滚轮沿水平方向向中间移动，实现钢板的进一步弯曲，保证 U 型管道上臂部分回弹后的垂直位置。在此过程中，钢板的左侧截面设置为沿 X 轴对称，而右侧截面则设置为全自由。需要注意，在 U 型冲头下移期间，普通的接触分离的接触属性会导致 U 型冲头与钢板发生分离，使钢板产生自由移动，进而引发计算不收敛问题。因此，根据前人的建模经验，查佐普勒（Chatzopoulou）和赫林克（Herynk）在 U 型冲头和钢板的上表面之间设定了接触不分离的接触属性，一旦 U 型冲头到达预定位移，接触不分离属性自动解除。在 U 成型的回弹阶段，左侧截面约束 Y 方向的位移，避免钢板的自由移动。此时，U 成型期间的弯矩方向与预弯阶段的弯矩方向一致。U 成型回弹前后的等效应力分布云图沿长度方向较为均匀，具体情况如图 2-5 所示。

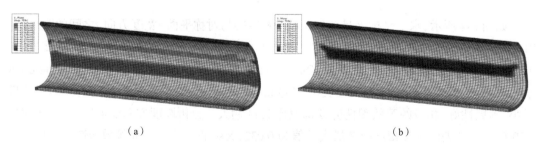

（a）　　　　　　　　　　　　　　　　　（b）

图 2-5　U 成型后的等效应力分布

（a）U 成型　（b）U 成型回弹

U 成型后的等效塑性应变分布如图 2-6 所示，可以发现 U 成型模具的作用范围集中在

$d \leqslant 400$ mm,且等效塑性应变沿着宽度方向呈现周期性波动。这一现象可以归结为 U 型冲头和管道内表面的波动接触力的作用效果。如图 2-7 所示,此处提取了分析步中的四组时间切片,分别代表 U 成型模具的下移时间历史。在接触之初(时间 1),接触压力的范围在 $d \leqslant 120$ mm。随着计算步长的推移,新的接触区域出现更大的波峰、波谷,而之前时间 1 出现的接触力则随着钢板的变形而逐渐释放到一个较低的水平。直到 U 成型的最后分析步,最大接触力终止于 $d = 420$ mm 处。对比 X70 钢板的塑性应变波动情况,X80 钢板在较大塑性硬化模量的影响下,其残余应变的波动幅值更小、更均匀。

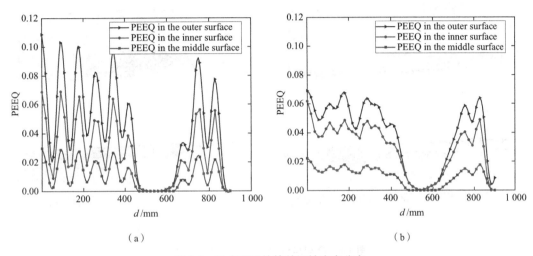

图 2-6　U 成型后的等效塑性应变分布

(a)X70　(b)X80

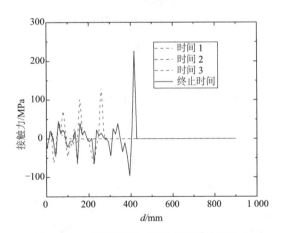

图 2-7　U 成型模具与钢板内表面的接触力

2.2.3　O 成型

U 成型完成后,钢板将会被送到两个半圆形模具中间。根据管道变形中的对称特点,钢板左侧截面依旧设置为沿 X 轴对称,且约束 Y 轴方向的位移。上模具则在 XOY 平面内设置刚性面,由此防止钢板上半部分出现交叉渗透现象。O 成型阶段的 von-Mises 等效应力的分布状态如图 2-8 所示。在上模具与钢板接触之初,管道的应力分布较为均匀,随着上模具的下移,管道上半部分逐渐与模具发生接触,弯矩载荷也随之向下移动。O 成型后的管道内表面出现间歇式的应力集中,且发生应力集中的位置角度间距约为 30°;但管道外表面并未出现间断的应力集中现象。模具移除后,管道内表面的应力集中现象会因回弹得到一定的缓解。

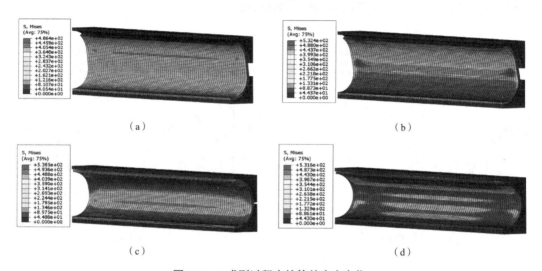

（a）　　　　　　　　　　　　　　　（b）

（c）　　　　　　　　　　　　　　　（d）

图 2-8　O 成型过程中的等效应力变化

（a）第一阶段（b）第二阶段（c）第三阶段（d）第四阶段

　　虽然 O 成型主要产生与预弯和 U 成型同向的弯矩载荷,但在上模具与下模具即将接触的阶段,管道会承受短暂的反向弯矩。观察图 2-9 可以发现,O 成型的主要作用范围是 $d =$ 100~600 mm,外表面的等效塑性应变依旧大于内表面的等效塑性应变。

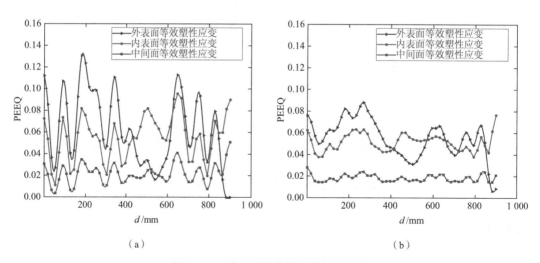

（a）　　　　　　　　　　　　　　　（b）

图 2-9　O 成型后的等效塑性应变分布

（a）X70　（b）X80

2.2.4　焊接

O 成型后,管道的整体性连接通过双面埋弧焊的方式完成。实际的焊接步骤涉及热应力和微观粒子结构的变化,模拟难度较高,计算时间长。由于本书着重于分析 UOE 管道几何特征和结构力学行为的变化,研究过程借鉴 Chatzopoulou 和 Herynk 的基本假设,对焊接步骤的模拟进行了简化。

假设 1:不考虑焊接带来的化学变化。

假设 2:焊接材料根据 O 成型后的空槽形状进行建模,且焊接材料的弹性模量和屈服应力均比原始钢材高出 6%。

焊接材料的网格划分和单元类型的选取与钢板的网格类型保持一致。当钢板的右侧截面接触焊料后,二者通过接触不分离的约束形式进行连接,进而完成钢板到管道的一体化合龙。焊料的左侧截面则设置为关于 Y 轴对称。

2.2.5　扩径

原先的 UOE 制管工艺在分析成型管道几何尺寸和材料属性时一般是建立二维有限元模型,忽略了轴向变形的非一致性。而 Palumbo 则指出,受工厂设备能力的限制,管道的扩径并非像预弯、U 成型和 O 成型那样一次成型,而是沿着管道逐步成型,且相邻两次成型步骤之间存在重叠区域,该区域经历了两次扩径,成型结果与一次成型区域存在一定的差异。三维 30+23OE 模型可以避免二维模型的不足,可以对管长方向的变形特征进行分析。当管道前端在进行扩径时,管道后端截面设置为固定;当扩径芯轴移动到管道中后端时,则固定管道前端截面,后端截面设置为自由端。

扩径过程中管道等效应力的变化过程如图 2-10 所示,应力主要集中在芯轴与管道接触的区域,集中区域的间距约为 45°。当扩径芯轴先向外扩充,进而收缩至原位,并沿轴向移动一定距离,再完成下一次扩径。相邻两次扩径之间的重叠长度为 200 mm。

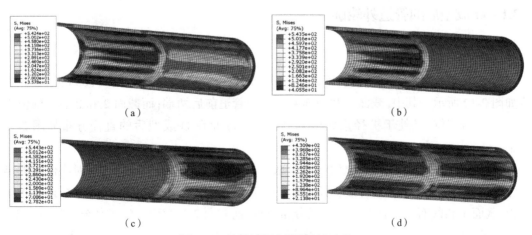

图 2-10　扩径过程中等效应力变化

(a)第一阶段(b)第二阶段(c)第三阶段(d)第四阶段

总结图 2-4、图 2-6 和图 2-9,在不同成型步骤下,von Mises 等效应力分别集中于不同区域。而对比 X70 和 X80 钢板的等效塑性应变可以发现,X70 钢板因其较低的硬化参数和较好的延展性出现了波动幅度较大的残余应变。即当管道的应力到达塑性阶段,很小的应力波动也会引发较大的应变幅值。拉福(Raffo)也在工作中得到过类似的结论,即较小的硬化参数会在制管过程中引起较大的应变波动。

对比图 2-9 和图 2-11 可以发现:在扩径芯轴的定径校核下,管道内外层残余应变的差距出现了减小,且主要作用区域为 $d = 600 \sim 900$ mm。但总体来看,管道的外层变形大于中层和内层,由此管道外层的抗压承载力要低于管道内层的抗压承载力。

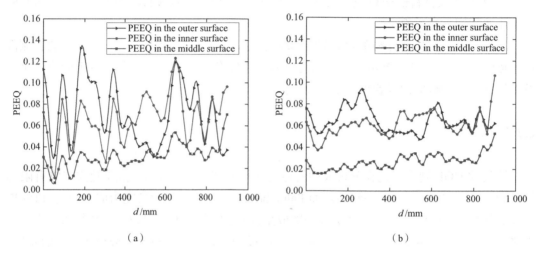

（a） （b）

图 2-11 扩径后的等效塑性应变分布
（a）X70 （b）X80

2.3 O 成型和扩径对管道几何特性的影响

2.3.1 O 成型后的管道外轮廓

1. 环向直径分布差异

将 O 成型后的 X70 管道沿长度方向分别提取四个参考平面,间距为 4 000 mm,具体位置如图 2-12 所示。其中,截面 1 和截面 4 分布于管道前后两端;而截面 2 和截面 3 则位于管道的中间部位,且处于扩径重叠区。上述四个截面在 O 成型后的直径分布如图 2-13 所示。

在图 2-13 中,横坐标代表原始钢板状态下宽度方向的坐标,纵坐标代表对应位置的半径分布(这里的半径指的是外表面距圆心的距离)。可以发现,不论是 X70 钢板还是 X80 钢板,截面 1 和截面 4 具有类似的半径分布特点,而截面 2 和截面 3 的半径分布特点类似。需要注意,在 580 mm $\leqslant d \leqslant$ 900 mm 区间内,半径出现了两个峰值,一个是最大值,一个是最小值,这一现象与 O 成型后管道的"肩部效应"有关。如图 2-14 所示,因 O 成型模具的成型特点,在管道的上半段并不能产生较好的成型效果,肩部部位的半径不均匀性较为明显。

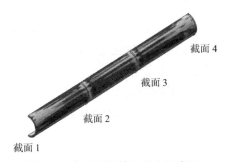

图 2-12　参考平面轴向分布示意图

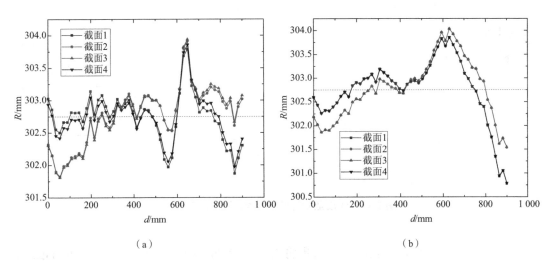

（a）　　　　　　　　　　　　　　　　　（b）

图 2-13　O 成型后管件的截面半径分布

（a）X70　（b）X80

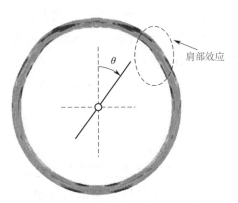

图 2-14　O 成型肩部效应示意图

2. 轴向直径分布差异

分析管道轴向变形的分布形式,分别提取 S33 和 L33(轴向应力和轴向应变)与等效应力 / 应变进行对比,结果如图 2-15 所示。O 成型后的管道在前端和后端均有一定的波动,而中间的变形较为一致。其中,相较于 U 成型和预弯时的占比,S33 此时在 von Mises 应力中的占比上升到 87%。135° 方向的等效塑性应变则在 0.4~0.8 m 处产生了一定的下沉,说明"肩部效应"沿长度方向的分布也并非完全一致。等效塑性应变(PEEQ)在长度方向的波动幅值在 3%~25%,较大的波动幅值可能会需要更大的压缩率减小管件几何的非均匀性。在此成型步骤下,管道轴向应变(L33)的量级范围是 10^{-5}~10^{-4}。

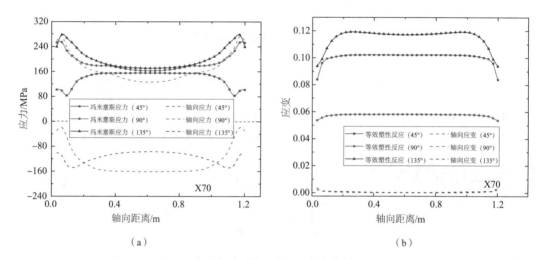

图 2-15　O 成型后管道应力和应变的轴向分布

(a)应力　(b)应变

为扩大管道直径的数据统计范围,现将 X70 和 X80 两种钢板的成型结果进行汇总,结果如图 2-16 所示。图 2-16(a)和(b)中分别包含 663 个统计点,这些统计点共来自沿管道长度方向截取的 13 个平面。该图为双纵坐标图,横坐标代表直径分布的范围,左侧的纵坐标代表对应直径范围的样本数,右侧的纵坐标代表该区域样本数的平均值。对比发现,X70 管道的直径分布变化幅值为 4.5 mm,而 X80 管道的直径变化幅值为 6.14 mm,此现象说明 X70 管件的直径分布比 X80 管件更加集中;而两者的平均直径均在 605.5 附近(D_m=605.5 mm),由此看出在平均直径相同的情况下,X70 管件的成型效果要优于 X80 钢管。

3. 几何轮廓的压缩优化

直至 O 成型结束,管道的几何轮廓并非是理想的圆筒形,其几何缺陷可以通过 O 成型模具的位移参数进行优化。如图 2-17 所示,优化管道几何轮廓的参数可用 O 成型模具间距(δ_g)进行控制,且 δ_g 的单位是 mm。现对 O 成型模具间距(δ_g)进行无量纲化,用压缩率(ε_o)进行表示。为简化表达方式,将 U 成型后管道中间层的长度定义为 l_u,管道 O 成型后的中间层长度定义为 l_o,压缩率的计算方式为

$$\varepsilon_{\mathrm{o}} = \frac{l_{\mathrm{o}} - l_{\mathrm{u}}}{l_{\mathrm{u}}} \qquad\qquad (2\text{-}1)$$

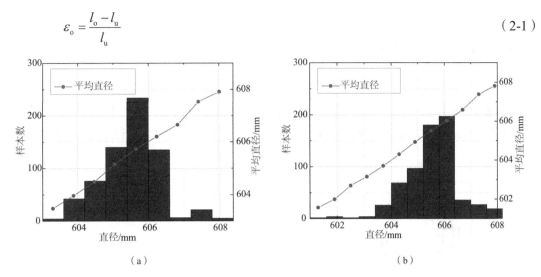

（a）　　　　　　　　　　　　　　　　（b）

图 2-16　O 成型后管件的截面直径统计

（a）X70　（b）X80

管道在工程应用中,一般用椭圆度(Δ_0)描述其几何轮廓的不圆性,其计算式为:

$$\Delta_0 = \frac{D_{\max} - D_{\min}}{D_{\max} + D_{\min}} \qquad\qquad (2\text{-}2)$$

通过控制 O 成型模具的下移量,进而改变管道在 O 成型中的压缩率,分析不同压缩率对管道几何轮廓的优化特点。如图 2-18 所示,横坐标代表 X70 管道中间层的压缩率,纵坐标代表截面的平均椭圆度。当压缩率从 0 增长到 0.5% 时,截面的平均椭圆度急剧下降。随着压缩率的继续增长,管道的缺陷模态从垂直型椭圆度向水平型椭圆度转化,且转变的速率与椭圆度近乎呈线性关系。总体来看,当 O 成型模具间的间距达到 0 时,UO 管道的几何缺陷达到最小。

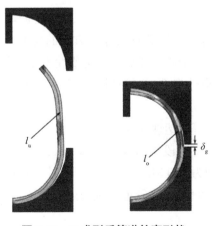

图 2-17　O 成型后管道轮廓形状

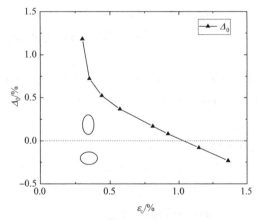

图 2-18　压缩率对管道椭圆度的影响

2.3.2　扩径后的管道外轮廓

1. 环向直径分布差异

三维 UOE 管道模型与二维模型最大的区别是考虑了轴向变形的非一致性。之前提到,预弯、U 成型、O 成型均为一步完成,而扩径阶段则是多步骤完成管道定径,如图 2-19 所示。

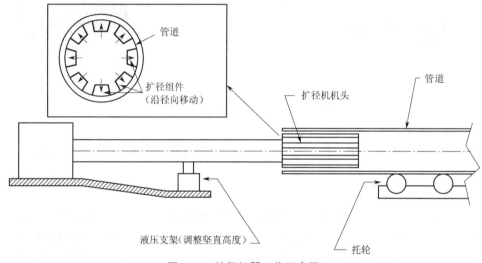

图 2-19　扩径机器工作示意图

相邻两次扩径步骤之间存在一定的重叠区,且重叠区的长度为 200 mm。本书将经历一次扩径的区域命名为"一次校核区",将重叠区命名为"二次校核区"。图 2-20 分别展示了 X70 和 X80 钢管重叠区的应力变化特点。

需要注意,模型的实际长度为 12 m,与实际生产长度保持一致,图 2-20 只是截取了重叠区附近的区域进行展示。可以发现,在扩径过程中,X70 管件沿厚度方向的变形较为均匀,当完成扩径回弹后,管道的重叠区的残余应力为 160~250 MPa。受塑性模量的影响,X80 管道的 von Mises 应力较大,且主要集中在管道外表面,待扩径回弹完成后,残余应力并没有集中于重叠区,且其幅值保持在 300 MPa 左右。

与之前的成型步骤不同,扩径阶段的等效应力／等效塑性应变和轴向应力／轴向应变分布如图 2-21 所示。从图中可以看出,应力和应变在重叠段均出现了峰值。von Mises 等效应力和等效塑性应变在长度方向上的波动幅值分别为 300 MPa 和 0.02。与此同时,轴向应变(L33)的量级增加到 10^{-4} 和 10^{-3}。但此时 L33 为负值,代表管道在轴向处于受压状态,其在后续会影响管道的抗压性能。

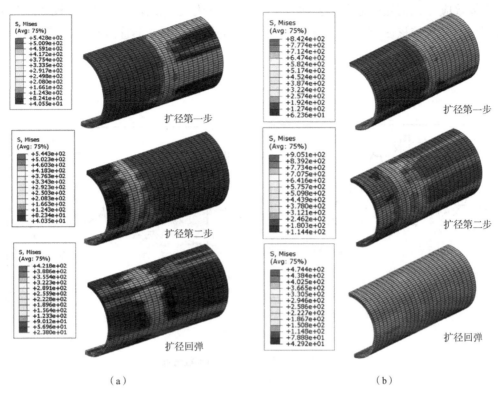

图 2-20　二次校核区附近的等效应力分布

（a）X70　（b）X80

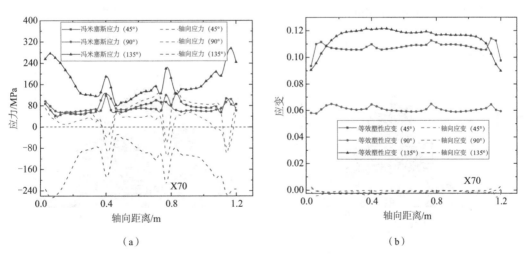

图 2-21　扩径后管件轴向应力和应变分布

（a）应力　（b）应变

2. 轴向直径分布差异

针对轴向直径的分布差异,本书分别对"一次校核区"和"二次校核区"进行对比,结果如图 2-22 所示。可以发现,在扩径步骤后,管道的直径受扩径芯轴的影响,消除了先前的"肩部效应",几何轮廓分布于公称半径 304.5 mm 附近。整体来看,"二次校核区"的半径略大于"一次校核区"的半径。但受塑性模量的影响,X80 钢管因其较"硬"的材料属性,即使受到两次扩径芯轴的影响,"二次校核区"与"一次校核区"半径之间的差别仍不明显。

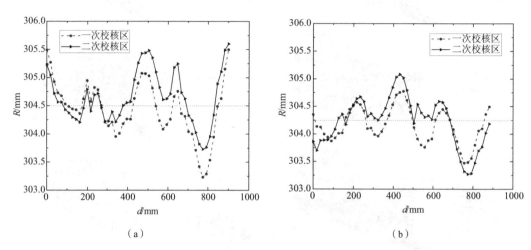

（a） （b）

图 2-22 扩径后管件的截面半径分布
（a）X70 （b）X80

与 O 成型的分析过程类似,为增强分析的可靠性,本书增加了直径的统计样本,汇总结果如图 2-23 所示。可以发现,X70 管道在扩径后,平均直径为 608.9 mm,而 X80 管道的平均直径约为 608.25 mm;在相同的扩径位移下,较高等级的钢材对应产生的变形偏小。

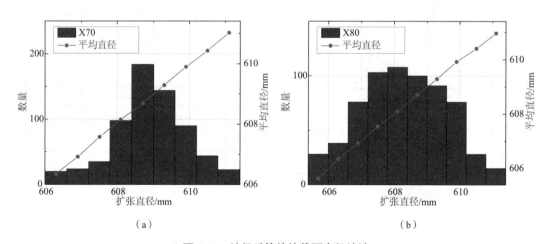

（a） （b）

图 2-23 扩径后管件的截面直径统计
（a）X70 （b）X80

3. 几何轮廓的扩径优化

为优化 UOE 管道的几何缺陷,选择合适的扩径率(ε_e)可以改善管道的外轮廓,其计算公式为

$$\varepsilon_\mathrm{e} = \frac{l_\mathrm{e} - l_\mathrm{o}}{l_\mathrm{o}} \qquad\qquad (2\text{-}3)$$

式中：l_e 是扩径完成后管道中间层的周长；l_o 是 O 成型完成后管道中间层的周长；扩径率代表管道在扩径过程中周长的变化率。

通过调整扩径芯轴的移动距离(δ_e)可以改变管道的扩径率，进而影响管道的成型效果。如图 2-24 所示，横坐标代表扩径芯轴的移动距离，左侧纵坐标代表扩径率，右侧纵坐标代表管道截面的椭圆度。可以发现，扩径率随着扩径芯轴位移的增加而增大。在相同的扩径距离下，"二次校核区"的扩径率大于"一次校核区"的扩径率。与此同时，UOE 管道的椭圆度随着扩径距离的增加得到了改善，且"二次校核区"的改善效果更为明显。当扩径芯轴位移增加到 14 mm 时，椭圆度几乎保持在 0.15% 左右。

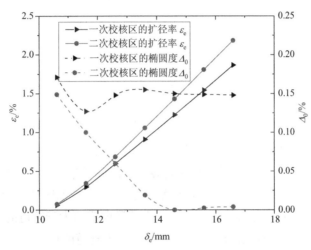

图 2-24　扩径率对管道椭圆度的影响

2.4　O 成型和扩径对管道力学特性的影响

与无缝钢管不同，UOE 管道受冷弯制管过程的影响，其环向不同部位的载荷历史存在较大的差异，容易引起管道材料属性的非均匀性。Tsuru 和 Palumbo 曾指出，在分析管道抗压性能时，确定管道截面的薄弱位置是重要的分析基础。考虑到目前 X70 管道在工程界的广泛应用，本节以 X70 管道为例，分析其截面不同位置的内部材料属性的变化过程，最后通过对比三维 UOE 模型与二维 UOE 模型和现行规范的计算差距，揭示 UOE 制管工艺的优势及现行规范的改进趋势。

2.4.1　管道力学性能变化过程

根据 2.2、2.3 节的分析过程，可以将管道半模型沿宽度（即环向）划分成 8 个分段，其中 0~400 mm 等分为 3 段，400~600 mm 等分为 2 个分段，600~900 mm 等分为 3 个分段。如图

2-25 所示,从焊缝处沿顺时针对管道的 8 个分段进行排序命名。分别提取 8 个分段处的内、外两层的应力－应变变化历史,结果如图 2-26 和图 2-27 所示。

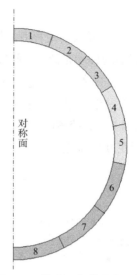

图 2-25　管道环向截面分区

　　观察图 2-26 外表面的应力－应变加载历史可以发现,区域 2,5,6 和 7 均经历了两种加载历史:正向加载(正弯矩)和反向加载(负弯矩)。受 O 成型后半部分的影响,管道环向应力出现了受压现象,且受压现象主要集中于管道的下半部分,如区域 5,6 和 7。与此同时,上半部(区域 1 至 3)和下半部(区域 6 至 8)产生的环向应力大于管道的中间部位。总体来看,区域 1 和区域 6 经历了较大的环向塑性变形。由于管道的抗外压性能主要取决于管道环向的抗压强度,区域 1 和区域 6 的力学特性较其他区域更为薄弱。

　　对比图 2-26 和图 2-27 发现,管道外表面的环向应力主要是受拉状态,而管道内表面的环向应力主要表现为受压。受扩径步骤的影响,管道内表面产生了一定的拉伸,但最终的残余应力和残余应变均保持在负值状态。与外表面的受力情况相似,管道的区域 2 和区域 6 在内表面也产生了较大的环向塑性变形。需要注意,区域 4 和区域 6 的最大压缩应变达到了 -0.07,而图 2-26 中的最大拉伸应变(区域 6)可以达到 0.09。根据包辛格效应的影响效果,某一方向的塑性硬化会降低反方向的屈服应力。

　　由此可以预测,UOE 成型管道的抗外压性能比抗内压性能更容易受到制管工艺的影响。总体而言,根据内表面和外表面的应力－应变变化历史,UOE 钢管的最大塑性累积应变发生在区域 2 和区域 6,导致此区域的材料属性低于其他区域。因此,对于 UOE 管道的工程应用,设计者应该对该两处区域给予一定的重视,在确定 UOE 管道的材料属性时应慎重选择拉伸试件的切割范围。

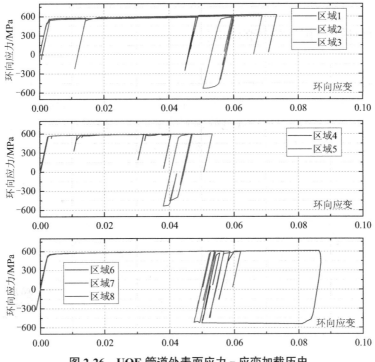

图 2-26 UOE 管道外表面应力 – 应变加载历史

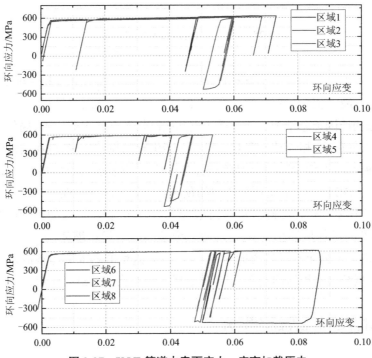

图 2-27 UOE 管道内表面应力 – 应变加载历史

2.4.2　O 成型对管道抗压性能的影响

本节将 Herynk 的二维模型计算结果、DNV 规范的预测值与本书中的三维模型进行对比。图 2-28（a）是 Herynk 的二维模型计算结果，展示了管道的压溃压力与压缩率之间的关系；图 2-28（b）是三维模型与 DNV 规范的预测值的对比。该图可从两个方面进行分析：一方面是压溃压力的变化趋势，另一方面是压缩率的变化趋势。

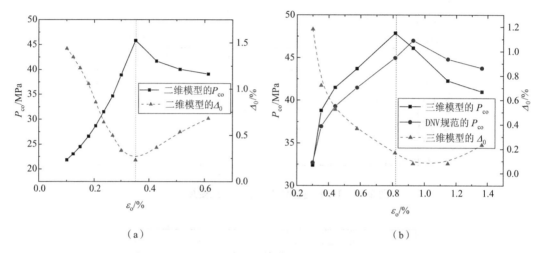

图 2-28　O 成型后管道压溃压力的对比

（a）二维模型　（b）三维模型和 DNV 规范

从压溃压力的角度分析，当截面椭圆度达到最低点附近时，二维和三维 UOE 模型的压溃压力均达到了最大值，且三维 UOE 模型的最大压溃压力比二维模型的计算结果高出 4.37%。此现象的原因可总结为由于管道的椭圆度沿长度方向并非一致，局部压溃一般先表现于椭圆度较大的截面，相邻截面会对压溃截面产生轴向拉伸作用，进而增强管道的抗压性能。对比三维模型与 DNV 规范的计算结果，二者具有较高的一致性，最大误差只有 6.14%。由此证明，三维 UOE 模型对管道压溃压力的预测具有较高的准确性。

从压缩率的角度分析，二维模型和三维模型均存在最优压缩率，使得管道的抗压能力最强。但二维模型的最优压缩率为 0.36%，而三维模型的最优压缩率（$\varepsilon_{o\text{-opt}}$）则延迟到 0.8%。由于三维模型的成型效果在长度方向存在一定波动，这里的压缩率是整根管道的平均压缩率，需要兼顾成型结果不均匀的端部，得到的最优压缩率会向后进行延迟。

2.4.3　扩径对管道抗压性能的影响

与 O 成型类似，扩径阶段也出现了最优扩径率延迟的现象。图 2-29（a）显示了二维 UOE 模型压溃压力与椭圆度随扩径率的变化，图 2-29（b）显示了三维 UOE 模型和 DNV 规范压溃压力与椭圆度随扩径率的变化规律。由于三维 UOE 模型的扩径分多步骤完成，其最终的椭圆度要小于二维模型。同样受轴向拉伸作用的影响,三维 UOE 模型在扩径后的压溃压力比二维模型高出 16.2%,而最优扩径则从 0.23% 延迟到 0.45%。

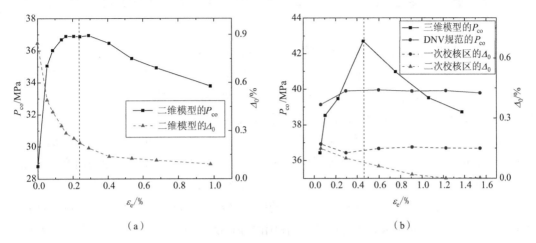

图 2-29 扩径后管道压溃压力对比

(a)二维;(b)三维

从安全角度分析,考虑到 UOE 制管工艺对管道产生的影响, DNV 规范将 UOE 成型管道的制造系数定义为 0.85,而无缝钢管的制造系数则为 1。可以简单理解为,经历 UOE 制管过程,成型管道的屈服应力比原始钢板的屈服应力降低了 15%。而无缝管钢管属于热轧成型,不受包辛格效应的影响,默认其为匀质各向同性材料,屈服应力不受折减。图 2-29 (b)中的 DNV 规范计算结果考虑了制造系数的影响,按照要求,将制造系数统一取为 0.85,导致 DNV 规范的计算结果波动幅度较小。经历了扩径后,三维 UOE 模型的抗压能力与 DNV 规范的计算结果最大相差 7%;且在最优扩径附近, DNV 规范的预测值相较于三维模型偏于保守,而当扩径率过小或者过大时,DNV 规范的预测值则偏于危险。

因此,随着国内 UOE 制管工艺质量的改进与提升,若制管过程中的扩径率控制在 0.3%~0.9%, DNV 规范中的制造系数 α_{fab} 可进行相应的比例调升,建议工程应用可将 α_{fab} 取为 0.91。总体而言,三维模型对 UO 和 UOE 管道的局部压溃压力预测值高于二维模型,管道的几何特征则会随着压缩率和扩径率的增大而减小。

第3章 轴力－水压联合加载下的管道屈曲

本章采用试验和数值模拟相结合的方法,分析轴力和水压的不同加载路径对海底管道屈曲压溃的影响。在铺设过程中,海底管道受张紧器和自身重力的作用,处于轴向拉伸状态,随着管道下放水深的增加,管道表面会逐步受到外界水压的作用,属于先轴力后水压的加载方式(即 $T \rightarrow P$ 加载路径);海底管道在服役或维修阶段,由于海床运动、管道连接处轴向移动或管道吊起、悬浮等原因会对海底管道产生轴向拉力,属于先水压后轴力的加载方式(即 $P \rightarrow T$ 加载路径)。在轴力和水压作用下,国内外学者对不同加载路径的研究主要是采用有限元模型进行数值模拟,可以参考的相关试验数据较少。在 DNV 规范中计算海底管道极限承载力时,也并未考虑不同加载路径的影响,需要为 DNV 规范校核计算的全面性提供补充。因此,本章依托深海压力试验舱,在国内外首次针对相同几何尺寸和材料参数的管道,开展了轴力和水压不同加载路径的试验,明确了不同加载路径对海底管道屈曲压溃的影响,确定了不同加载路径中的危险路径,并且建立了相应的有限元模型,开展了数值模拟计算,对不同加载路径产生的影响进行了原因分析,并针对危险加载路径提出了更加合理的经验公式。

3.1 轴力作用下海底管道失效机理

考虑到深水海底管道运行环境的复杂性和多变性,不同载荷联合作用下海底管道的屈曲压溃一直是国内外学者研究的重点。外部水压、轴力和弯矩作为海底管道受到的主要载荷类型,其不同的组合形式对管道的失效模式和极限承载力的影响显著。1927 年,布拉齐尔(Brazier)首先对无限长管道在弯矩作用下的力学性能进行了研究,其采用变分原理,针对二维圆环模型,提出了薄壁管道弹性范围内的极限弯矩求解方法,认为管道截面扁平化程度与弯矩载荷有关。科加库西(Kogakusi)在 Brazier 二维圆环模型的基础上,考虑了水压的作用,基于能量原理得到了海底管道在水压和弯矩共同作用下的极限屈曲经验公式。Kyriakides 采用理论分析和试验验证相结合的方法,对管道在水压和弯矩联合作用下的极限承载力进行了校核。基于平断面假定条件,其建立的理论模型采用瑞利－里兹法(Rayleigh-Ritz)对结构的虚功方程进行数值求解,发现管道的极限弯矩和失效曲率与钢材的几何尺寸和材料参数有关。鉴于海底管道具有两种极限破坏形式,即极值型屈曲和分枝型屈曲,Kyriakides 对这两种屈曲发生的条件进行了研究,认为当海底管道的径厚比小于 30 时,极易发生极值型屈曲;当径厚比较大时,易发生分枝型屈曲。随着海洋油气资源开发水深的增加,中厚壁管道的压溃力学行为逐渐受到广大学者的关注。克罗纳(Corona)同样采用虚功原理的方法,得到了海底管道屈曲的数值解法,首次发现了弯矩和水压的不同加载路径对海底管道压溃压力的影响,其中先水压后弯矩的加载路径最为危险。周承倜系统总结了海底管道在水压和弯矩作用下的失效模式,并在建立的非线性方程中考虑了初始椭圆度、几何非线性和材料非线性,开展了这些因素对海底管道屈曲压溃的影响分析,得到了更加合理的屈曲压力的计算方法。对于弯矩和轴力的组合形式,里德(Reid)采用变分原理和数值求解的手段,分析了弹塑性管道在弯矩和轴力的联合作用下,管材的力学行为与弯矩的关系。海列斯维克(Hellesvik)设计了四点弯曲装置来固定管件以达到管道受到水压和弯矩联合作用的试验。托斯卡诺(Toscano)和加拿大 C-Fer 公司合作通过内部弯曲加载装置完成了全尺寸管道在水压和弯矩联合作用下的屈曲试验。埃斯特芬(Estefen)对完好管道在弯矩和水压作用下的极限强度进行了试验研究。马丁(Martin)通过试验的方法,研究了三点弯曲管道在轴力作用下的极限抗弯能力,通过其数值模拟结果发现,轴力的存在会增强管道的抗弯能力,但是对管道卸载后的变形形状影响不大;内压的存在会增强管道的横向抗弯能力,减小管道的压溃变形的椭圆化程度。

海洋平台筋腱、生产立管和深水管道系统等海洋结构物的设计要考虑外部水压和轴力的联合作用。Kyriakides 对海底管道在轴力与水压联合作用下的屈曲传播进行了研究,发现屈曲传播压力随轴力的增大而减小,并拟合了屈曲传播压力的经验公式。巴布科克(Babcock)基于试验和数值分析的方法,对海底管道在水压和轴力联合作用下的屈曲机理进行了研究,试验管道的径厚比范围是 10~40,证明了轴向拉力能够显著降低管道的压溃压力,材料参数和初始椭圆度对管道的压溃压力有明显的影响。海泽(Heitzer)对带缺陷管道在内压和轴力联合作用下的塑性压溃特性进行了分析,发现轴向槽型缺陷会严重降低管道的承压能力,而对管道的抗拉能力影响很小;相反,环向槽型缺陷会严重降低管道的抗拉能力,而对管道的承压能力影响很小。费边(Fabian)在弹性范围内对水压、弯矩和轴力作用下的海底管道屈曲进行了分析,探究了分枝型屈曲和极值型屈曲这两种失效模式,发现在无轴力时这两种失效形式表现一致。黄玉盈采用直法线假定对长圆管在弯矩和水压联合作用下的极值型屈曲进行了研究,得到了该工况下的极限状态曲线。白(Bai Y)以 MSFP(Metallic Strip Flexible Pipes,金属带材柔性管)复合柔性立管为研究对象,建立了复合管道的有限元模型,分析不同加强层对柔性管抗拉能力的贡献,发现复合管中层与层之间的摩擦系数越大,管道的抗拉能力越强。龚顺风利用理论公式的方式对柔性管的抗拉能力进行了预测,得到柔性管的抗拉性能受抗拉层的铺设角度影响较大,增强抗拉层的刚度及厚度会显著提高管道的轴向刚度。陈严飞运用幂次强化模型,得到了轴力和管道内压联合作用下海底管道的极限承载力的解析解,并与模型试验取得了一致的结果。Bai 通过建立 ABAQUS 有限元模型,系统地分析了纯水压作用、水压与轴力联合作用、水压与弯矩联合作用的三种受力状态,并提出了管道压溃压力的预测公式,根据非线性屈曲理论建立了海底管道在轴力、弯矩和水压联合作用下的二维圆环理论,利用理论模型对管道铺设过程进行了分析。

海底管道在弯矩和水压联合作用下的理论模型分析、数值模拟和试验研究都比较成熟,管道的弯矩加载可通过载荷架直接放入舱内进行试验。现阶段对于海底管道在轴力和水压联合作用下的研究,主要是通过数值分析展开,管道的理论模型是二维模型,需要建立三维理论模型考虑管道的轴向变形影响。在试验中,轴力的施加需要依靠高水压下的液压系统,随着轴向密封技术的提高,需要开展全尺寸和缩尺比海底管道在轴力和水压作用下的试验研究,来弥补试验数据方面的不足,尤其是全尺寸管道的试验研究。因此,需要进一步研究海底管道在轴力和水压作用下的屈曲机理。

3.2 轴力‐水压联合加载试验

对于海底管道在轴力和水压联合作用下的屈曲压溃分析,轴力和水压这两种载荷存在加载先后顺序的问题,需要探究不同加载路径对海底管道压溃压力的影响。下面对不同加载路径的试验方案进行设计:预先选取一根合适的原始管材,根据试验管件所需的长度截取完全相同的试验管件若干根,来保证同组试验管件的几何尺寸和材料参数相同,然后进行试验管道的载荷加载。两种加载路径包括:先水压后轴力的加载路径(即 $P \rightarrow T$ 加载路径)和先轴力后水压的加载路径(即 $T \rightarrow P$ 加载路径),如图 3-1 所示。

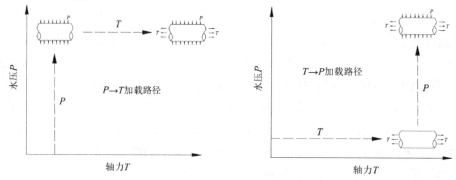

图 3-1　不同加载路径示意图

为了得到在 $P \rightarrow T$ 加载路径中预先设置水压值的大致范围,需要先在深海压力舱中进行海底管道的压溃试验,即直接在管道表面逐渐施加水压载荷直至管道发生压溃,得到管道在纯水压作用下的压溃压力(P_{local});然后在深海压力舱中进行 $P \rightarrow T$ 加载路径的试验,即在海底管道表面逐渐施加水压载荷至一定数值(P_1)并保持舱内水压恒定不变,此时预设的水压载荷值(P_1)不能超过上一组试验中管道在纯水压作用下的压溃压力值(P_{local}),再利用深海压力舱的轴向液压加载系统在管道的一端逐渐施加轴向拉力,随着轴向拉力的逐渐增大,海底管道的承压能力逐渐降低,当轴向拉力达到某一值(T_{EXP})时,海底管道发生压溃,得到管道在 $P \rightarrow T$ 加载路径试验中的轴力值。需要注意,在该加载路径下管道轴向始终未发生失稳,管道最终的失效形式是管道截面的局部压溃。

在深海压力舱中进行 $T \rightarrow P$ 加载路径的试验,即在海底管道一端施加 $P \rightarrow T$ 加载路径试验中得到的轴力值(T_{EXP}),并保持轴向拉力恒定不变,然后在海底管道表面逐渐施加水压载荷,当水压达到某一值时,海底管道会发生压溃,得到管道在 $T \rightarrow P$ 加载路径下的压溃压力(P_{co})。

通过比较海底管道在轴力和水压不同加载路径下的抵抗屈曲破坏能力,即 P_1 和 P_{co} 的大小来判定危险路径,试验方案流程如图 3-2 所示。

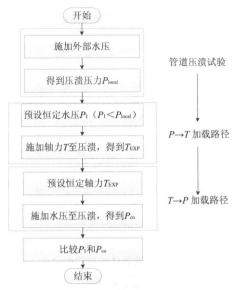

图 3-2　不同加载路径试验流程

3.2.1　试验过程

为研究轴力和水压不同加载路径对海底管道屈曲压溃压力的影响,共设计了 9 组海底管道试验。根据 1.2.2 节中介绍的主要试验流程,对初始管件进行切割、整体画线、焊接两端法兰盘、测量几何尺寸、粘贴应变片等准备工作,完成试验前处理的部分管道如图 3-3 所示,对试验管道的几何尺寸进行整理,见表 3-1。

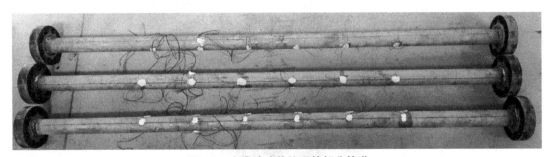

图 3-3　完成试验前处理的部分管道

表 3-1　试验管道的几何参数

管件编号	直径 /mm	壁厚 /mm	径厚比	长度 /mm	椭圆度
A0/A1/A2	60.00	3.00	20.00	2 300	0.6%
B0/B1/B2	76.00	4.26	17.84	2 300	0.4%
C0/C1/C2	51.00	3.00	17.00	2 300	0.3%

从几何尺寸角度出发，将上述 9 组海底管道试验分为三类不同的径厚比，分别是 A 类（$D/t=20$）、B 类（$D/t=17.84$）、C 类（$D/t=17$），每一类分别进行纯水压下的压溃试验、$P \to T$ 加载路径试验和 $T \to P$ 加载路径试验，其中纯水压下的压溃试验是研究载荷不同加载路径的对照试验。本节中的管件标号 A0、A2、B0、B2、C0、C2 分别与 2.4 节中的 R1、R3、R3、R4、R5、R6 为同一试验，为讨论分析方便，本章采用表 3-1 中的新编号。海底管道试验类型划分见表 3-2，材料参数见表 3-3。

表 3-2   管件试验类型

试验类型	压溃试验	$P \to T$ 加载路径试验	$T \to P$ 加载路径试验
管件编号	A0/B0/C0	A1/B1/C1	A2/B2/C2

表 3-3   试验管件的材料参数

管件编号	E/GPa	σ_0/MPa	σ_y/MPa	n
A0/A1/A2	193 000	265.8	225.0	7.5
B0/B1/B2	193 000	301.5	264.0	8.3
C0/C1/C2	191 760	375.9	354.0	14.5

将准备好的试验管件通过天车移至深海压力舱处，将管道两端的法兰与深海压力舱两端的法兰通过螺栓完成连接，如图 3-4 所示。管道上应变片的引出线与应变采集仪的连接线相连，以便实时记录管道在试验过程中的变形，如图 3-5 所示。将海底管道的连接线进行整理，试验管道进舱前如图 3-6 所示。

图 3-4   试验管道法兰与深海压力舱法兰连接

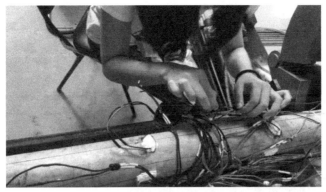

图 3-5 完成应变采集线的连接

图 3-6 整理舱体线和连接线

3.2.2 试验结果与分析

试验结束后,通过深海压力舱的自动控制系统完成试验管件的出舱流程,试验管件发生局部屈曲压溃,如图 3-7 所示。根据数据采集系统的记录对试验结果进行整理,试验结果见表 3-4 至表 3-6。

图 3-7 试验管件发生局部屈曲压溃

表 3-4 管道压溃试验结果

编号	直径 /mm	壁厚 /mm	椭圆度	加载方式	压溃压力 /MPa
A0	60.00	3.00	0.6%	水压试验	19.27
B0	76.00	4.26	0.4%	水压试验	26.61
C0	51.00	3.00	0.3%	水压试验	41.75

表 3-5 $P \to T$ 加载路径下的试验结果

编号	直径 /mm	壁厚 /mm	椭圆度	加载方式	外部水压(P_1)/MPa	轴向拉力(T_{EXP})/kN
A1	60.00	3.00	0.6%	$P \to T$	14.15	89.35
B1	76.00	4.26	0.4%	$P \to T$	19.80	201.37
C1	51.00	3.00	0.3%	$P \to T$	30.00	73.06

表 3-6 $T \to P$ 加载路径下的试验结果

编号	直径 /mm	壁厚 /mm	椭圆度	加载方式	T_{EXP}/kN	P_{co}/MPa	$(P_{co}-P_1)/P_1$
A2	60.00	3.00	0.6%	$T \to P$	89.35	16.67	17.81%
B2	76.00	4.26	0.4%	$T \to P$	201.37	22.56	13.94%
C2	51.00	3.00	0.3%	$T \to P$	73.06	33.98	13.27%

本次对相同几何尺寸和材料参数的海底管道，完成了轴力和水压不同加载路径的屈曲压溃试验，将表 3-5 和表 3-6 中的试验结果进行分析整理，如图 3-8 所示。从 A1/A2，B1/B2 和 C1/C2 的对比结果中可以发现两种不同加载路径对海底管道极限承载力有明显的影响，在轴向拉力相同的情况下，不同加载路径的水压载荷值相差 13.27%~17.81%。可以发现，$P \to T$ 加载路径比 $T \to P$ 加载路径更容易使海底管道发生压溃，同时也可以发现轴向拉力的存在会显著降低海底管道的承压能力，如图 3-9 所示。

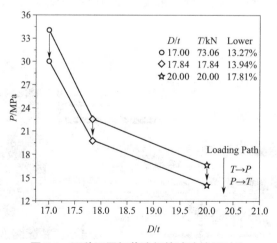

图 3-8 两种不同加载路径的试验结果对比

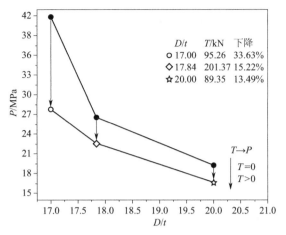

图 3-9 轴力对海底管道压溃压力的影响

3.3 轴力－水压联合加载数值模拟

3.3.1 有限元模型

依托大型有限元软件 ABAQUS 对试验过程进行数值模拟,建立海底管道在轴力和水压联合作用下的参数化三维有限元模型,分析不同加载路径对海底管道压溃压力的影响。

有限元模型采用与试验管件完全相同的几何尺寸和材料参数,利用试验结果来验证有限元模型计算结果的准确性。首先根据试验过程中测量得到的管道几何尺寸在 ABAQUS 软件中的 Part 模块建立管道模型,如图 3-10 所示。

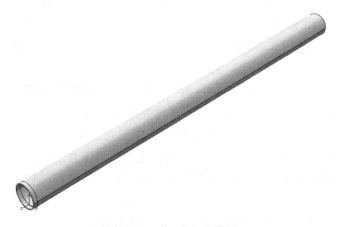

图 3-10 建立有限元模型

有限元模型要进行轴力和水压载荷的不同顺序加载,对于水压载荷可以直接将压力施加在管道外表面,轴力则需要将管道的一端与该截面的中心点相耦合,通过在中心点施加集

中力来完成轴向拉力的施加,如图 3-11 所示

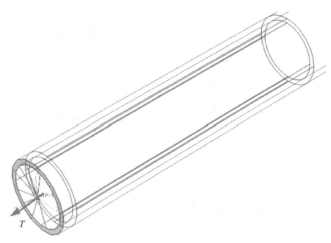

图 3-11　加载轴力示意图

为了更全面地反映管道模型的受力状态,提高求解精度,采用实体单元来建立管道的三维有限元模型。在有限元软件中,具体单元的选择将对结果精度产生一定的影响,因此有必要对有限元模型单元的选择做出说明。在有限元软件 ABAQUS 中,关于三维实体单元的选择与应用,需要注意以下问题。

(1)线性减缩积分单元容易产生应力集中问题,应力集中过高会影响单元的计算精度,在分析中可使用二次单元来进行计算。一般对于应力集中区域或结构变形大的位置进行网格的细化。经过验证二次完全积分单元和二次减缩积分单元得到的应力结果差异可以忽略,而后者在计算时间的节省上更具有优势。同时,在使用二次减缩积分单元时,尽量对网格进行精细化处理来提高求解精度,尤其是应变超过 20%~40% 时。

(2)有限元模型在计算过程中会进入材料的弹塑性阶段,若使用二次完全积分单元对钢材进行建模分析会出现体积自锁,对于二次 Tri 单元或 Tet 单元也会出现同样的问题。为避免该问题发生,可以使用非协调单元和线性减缩积分单元。非协调单元对有限元模型中的弯曲问题也有很好的适用性,能够得到非常精确的结果。

考虑到管道屈曲的数值模拟涉及轴力和水压载荷,属于弹塑性分析,容易在有限元模型中出现应力集中现象,因此三维管道模型的单元类型采用 ABAQUS 软件中定义的非协调六面体单元(C3D8I)。在开展数值模拟计算之前,需要对有限元模型网格的划分进行收敛性检验。数值模拟结果的重要输出参数为海底管道的压溃压力,所以将压溃压力作为有限元模型网格收敛性的检验指标。分别在环向、轴向和径向三个方向对管道进行网格布局,不同网格数量的计算结果见表 3-7,图 3-12 对表 3-7 中的变量进行了解释说明。在有限元模型中对发生屈曲压溃的位置进行网格加密,此处的网格轴向尺寸相对较小,定义为 S_{min};在其他变形较小的区域,单元的轴向尺寸相对较大,定义为 S_{max}。

表 3-7　不同网格数量的收敛性检验结果

编号	N_{hoop}	N_t	S_{max}（壁厚）/mm	S_{min}（壁厚）/mm	单元数	P_{co}/MPa
1	40	2	7.6	5.07	3 200	28.91
2	40	4	7.6	5.07	3 200	28.9
3	40	2	1.9	0.76	12 800	28.89
4	40	4	1.9	0.76	25 600	28.88
5	80	2	1.9	0.76	25 600	28.8
6	80	4	1.9	0.76	51 200	28.72
7	120	2	1.9	0.76	38 400	28.69
8	120	4	1.9	0.76	76 800	28.67

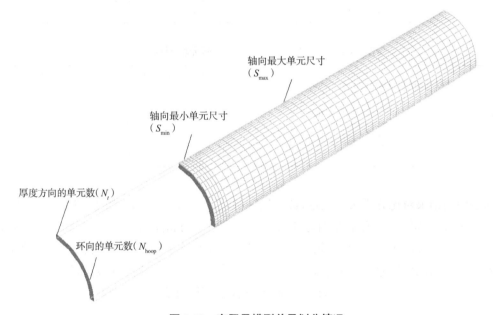

图 3-12　有限元模型单元划分情况

从表 3-7 中可以发现,当管道的单元数从 3 200 个增加到 76 800 个时,压溃压力的变化仅为 0.8%,由此可见此模型具有很好的收敛性,单元数在 3 200~76 800 个时,可以取得较为准确的结果。考虑到数值模型计算的效率和准确性,本书采用编号 5 对应的网格划分方式开展后续的数值模拟分析。

3.3.2　数值模拟计算结果

在数值模型需要对载荷的施加顺序进行定义,ABAQUS 软件中的 Step 模块可以分别定义轴力和水压载荷的分析步,完成两种载荷不同顺序的施加。利用弧长法(Arc-Length Method)实现管道变形过程中的平衡路径追踪,数值模拟结果与试验结果的对比见表 3-8 至表 3-10。

表 3-8 水压作用下的有限元模型结果

编号	直径 /mm	壁厚 /mm	椭圆度	加载顺序	试验结果(P_{local})/MPa	数值结果(P_{FEM})/MPa
A0	60.00	3.00	0.6%	水压试验	19.27	20.86
B0	76.00	4.26	0.4%	水压试验	26.61	28.99
C0	51.00	3.00	0.3%	水压试验	41.75	43.97

表 3-9 $P \rightarrow T$ 加载路径下的有限元模型结果

编号	直径 /mm	壁厚 /mm	椭圆度	加载顺序	外部水压 /MPa	试验结果(T_{EXP}) /kN	数值结果(T_{FEM}) /kN
A1	60.00	3.00	0.6%	$P \rightarrow T$	14.15	89.35	93.54
B1	76.00	4.26	0.4%	$P \rightarrow T$	19.80	201.37	211.84
C1	51.00	3.00	0.3%	$P \rightarrow T$	30.00	73.06	79.14

表 3-10 $T \rightarrow P$ 加载路径下的有限元模型结果

编号	直径 /mm	壁厚 /mm	椭圆度	加载顺序	轴力(T_{EXP}) /kN	试验结果(P_{co}) /MPa	数值结果(P_{FEM}) /MPa
A2	60.00	3.00	0.6%	$T \rightarrow P$	89.35	16.67	15.90
B2	76.00	4.26	0.4%	$T \rightarrow P$	201.37	22.56	21.69
C2	51.00	3.00	0.3%	$T \rightarrow P$	73.06	33.98	32.14

从表中的结果对比分析可以发现,数值模型的计算结果与管道试验的结果相一致,数值模型能够很好地模拟海底管道在轴力和水压联合作用下的屈曲压溃过程,也能够模拟不同加载路径对海底管道压溃压力的影响。因此,可以利用数值模型参数化建模的特点,输入试验中海底管道的几何尺寸和材料参数,来完成多组轴力和水压下不同加载路径的数值模拟。以 A 类管道参数为例,计算不同轴力和水压组合下不同加载路径的数值模拟结果,如图 3-13 所示。

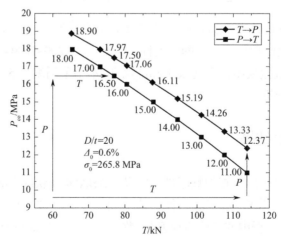

图 3-13 不同加载路径下的失效曲线

从数值模拟结果中可以发现,随着轴向拉力的增大,海底管道的压溃压力逐渐降低,轴力的存在会减弱海底管道的抗屈曲能力;$P \to T$ 加载路径下的失效曲线显著低于 $T \to P$ 加载路径下的失效曲线,即 $P \to T$ 加载路径比 $T \to P$ 加载路径更易使管道发生屈曲压溃,并且随着轴向拉力的增大,不同加载路径对海底管道压溃压力的影响更加显著,所以在实际工程中需要尽量避免管道在服役期间产生较大的轴向拉力或位移,来保证管道结构的完整性。

3.4　不同加载路径影响原因分析

为分析 $P \to T$ 加载路径比 $T \to P$ 加载路径更容易使海底管道发生屈曲压溃的原因,本节通过对比不同加载路径下,压溃截面 von-Mises 等效应力的变化历程以及管道屈曲压溃截面的椭圆化趋势来进行分析。以 B 类管道即直径 76 mm、壁厚 4.26 mm 的模型为例,建立外部水压作用下的管道模型进行分析。如图 3-14 所示为海底管道截面在压溃时刻的 von-Mises 等效应力云图,可以发现方框标出的区域为应力集中区,即在海底管道压溃变形过程中首先达到材料屈服阶段,并产生大变形的区域,最终导致失效截面从椭圆形逐渐转变成"哑铃状"。

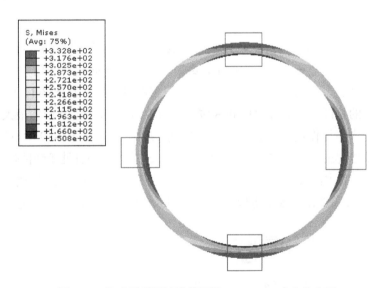

图 3-14　海底管道压溃横截面的 von-Mises 应力分布图

由于海底管道模型自身的几何尺寸、受力状态和边界条件具有对称性,可对管道模型压溃截面的四分之一进行分析。在有限元模型中应力变化历程数据的提取主要是针对单元的积分点,有限元软件 ABAQUS 中单元类型 C3D8I 的定义如图 3-15 所示,每一个单元共有 8 个积分点,通过找到单元对应的应力积分点,实现对单元积分点处应力变化历程数据的提取,对于该有限元模型的应力追踪单元如图 3-16 所示,所提取的四个单元各自对应的积分点见表 3-11。

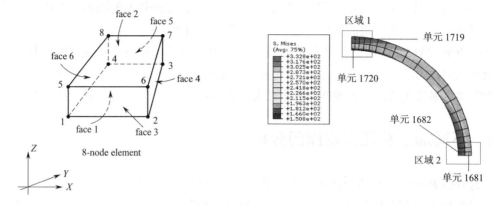

图 3-15　C3D8I 单元的积分点　　　　　图 3-16　应力追踪单元分布

表 3-11　应力追踪单元积分点

单元编号	1719	1720	1681	1682
积分点	积分点 1	积分点 2	积分点 1	积分点 2

各单元积分点的 von-Mises 应力和各应力分量变化过程如图 3-17 至图 3-20 所示,其中 σ_s 表示 von-Mises 应力, σ_θ 表示环向应力分量, σ_r 表示径向应力分量, σ_x 表示轴向应力分量。管道压溃截面积分点处的 von-Mises 应力主要是环向应力分量和轴向应力分量占主导作用,径向应力分量和各偏应力分量的贡献很小,可以忽略其影响。从图 3-17 和图 3-20 中可以发现,受压明显的是区域 1 的外表面和区域 2 的内表面, von-Mises 应力最大且处于塑性阶段,环向压应力占主导作用,轴向压应力占比较小;从图 3-18 和图 3-19 中可以发现,受拉明显的是区域 1 的内表面和区域 2 的外表面, von-Mises 应力较小且处于弹性阶段,轴向拉应力占主导,环向压应力占比较小。因此,本节选取区域 1 的外表面积分点,即管道压溃截面的最高点作为研究对象,追踪该点处的应力变化历程以及压溃截面椭圆度的变化过程。

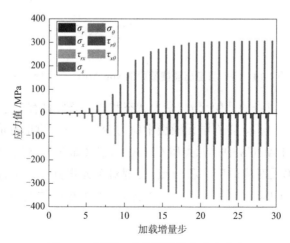

图 3-17　区域 1 外表面积分点应力分布

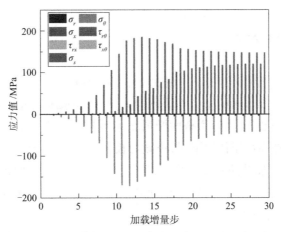

图 3-18　区域 1 内表面积分点应力分布状态

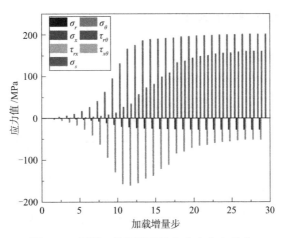

图 3-19　区域 2 外表面积分点应力分布状态

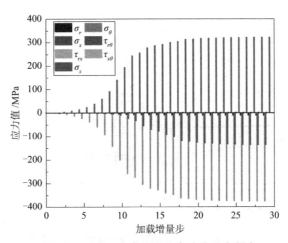

图 3-20　区域 2 内表面积分点应力分布状态

3.4.1 压溃截面变形分析

如图 3-21 所示,在纯水压作用下管道模型中各应力分量同号,即 σ_θ、σ_x、σ_r 数值符号相同。各应力分量随着外部水压的增大而缓慢增大,当外部水压接近管道的压溃压力时,环向和轴向应力分量会显著增大,当管道截面椭圆度达到 1.73% 时,管道模型发生压溃。而轴向应力分量的增大是在外部水压作用下,管道截面较大的椭圆化变形引起的。

管道模型在 $P \rightarrow T$ 加载路径下发生压溃,管道压溃截面外表面积分点的应力变化历程如图 3-22 所示。从图中可以看出,管道截面外表面先是受到水压的作用,待水压稳定后逐渐施加轴向拉力,最终管道模型发生压溃。

管道模型在 $T \rightarrow P$ 加载路径下发生压溃,管道压溃截面外表面积分点的应力变化历程如图 3-23 所示。从图中可以看出,管道截面先受到轴向拉力的作用,待拉力稳定后外表面逐渐施加水压,最终管道模型发生压溃。

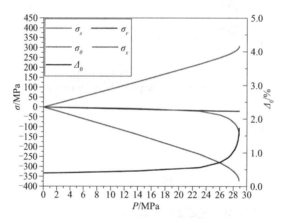

图 3-21　水压作用下积分点处的应力变化

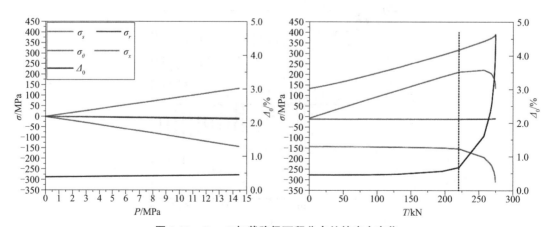

图 3-22　$P \rightarrow T$ 加载路径下积分点处的应力变化

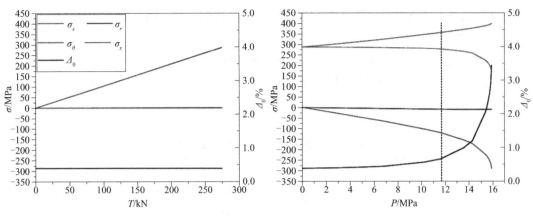

图 3-23　$T \rightarrow P$ 加载路径下积分点处的应力变化

在图 3-22 和图 3-23 中可以发现，当管道模型受到轴向拉力作用时，σ_θ 和 σ_x 数值符号相反，在接近压溃压力时，管道截面较大的椭圆化变形会抵消一部分轴向拉应力，但数值始终相反，最终随着载荷的增大，管道截面发生压溃。结合 von-Mises 应力的表达式

$$\sigma_s^2 = \sigma_\theta^2 - \sigma_\theta \sigma_x + \sigma_x^2 \tag{3-1}$$

在外界水压保持一致的情况下，轴力的存在会提高管道内部的 σ_x，进而增大管道的 von-Mises 应力，使管道更容易进入屈服阶段。即在几何尺寸和材料参数完全相同的条件下，外界轴向拉力的存在会导致海底管道更易发生压溃，而且在 $P \rightarrow T$ 加载路径中，管道模型在能够承受外界水压的前提下，在一端逐渐增大轴向拉力，管道模型会发生压溃，也能说明轴力的存在会降低海底管道的抗屈曲压溃能力。

3.4.2　不同加载路径截面变形分析

在图 3-22 中的 $P \rightarrow T$ 加载路径下，海底管道首先受到外界水压的作用，随着水压的增大，管道截面环向应力分量贡献了该点绝大部分的 von-Mises 应力，其余应力分量很小，截面的椭圆度呈微小的增大趋势。随后保持外界水压不变，在管道模型一端逐渐施加轴向拉力。随着轴向拉力的增大，管道截面处的轴向应力分量开始增大，环向应力分量缓慢增大，当轴力接近极限值时，截面的环向应力迅速增大，管道椭圆度呈指数型增长模式，并且管道截面的椭圆化变形会抵消一部分该点处的轴向应力分量，导致轴向应力分量下降。在椭圆度达到 4.62% 时，管道截面积分点处的 von-Mises 应力已达到其极限承载力，管道模型发生压溃。该加载路径下管道截面椭圆化构型的变化较大且剧烈，从而导致管道模型更易发生压溃。

在图 3-23 中的 $T \rightarrow P$ 加载路径下，海底管道首先受到轴向拉力的作用，管道截面的轴向应力分量贡献了绝大部分的 von-Mises 应力，截面的椭圆度基本不变。随后保持轴向拉力不变，在管道模型表面施加外压。随着外压的增大，管道截面处的环向应力分量开始增大，截面的椭圆度缓慢增大，截面构型的变化导致轴向应力逐渐减小，可以发现轴向拉力的存在会阻碍管道截面椭圆化增大的趋势。当水压快接近极限值时，截面的环向应力分量仍然缓慢增加,管道的椭圆度增大趋势明显。在椭圆度达到 3.43% 时,截面的 von-Mises 应力已达到管道的极限承载力,管道模型发生压溃。该加载路径下管道截面椭圆化构型的变化较缓,最终压溃时刻截面的椭圆度值比 $P \rightarrow T$ 加载路径的小,且轴向拉力的存在从始至终在阻碍管道截面的椭圆化趋势。不同轴力和水压加载路径下,管道压溃瞬间截面椭圆度随不同 P_1/P_{co} 影响结果见表 3-12。

表 3-12　管道压溃瞬间的截面椭圆度

P_1/P_{co}	0.3	0.4	0.5	0.6	0.7
$P \rightarrow T$	4.64%	5.05%	4.59%	4.04%	3.41%
$T \rightarrow P$	2.50%	3.63%	3.49%	3.14%	2.79%

从表 3-12 中可以发现,$P \rightarrow T$ 加载路径下压溃时刻管道截面的失效椭圆度均比 $T \rightarrow P$ 加载路径下的大,载荷施加顺序的不同会对管道压溃时的椭圆化构型产生较大影响,而管道模型的极限承载力取决于其截面压溃时刻的椭圆化程度。也就是说,在最终压溃时刻,不同加载路径引起的管道模型构型发生变化,从而导致管道模型的极限承载力产生差异。因此,$T \rightarrow P$ 加载路径下管道模型的承压能力比 $P \rightarrow T$ 加载路径下的大,即 $P \rightarrow T$ 加载路径比 $T \rightarrow P$ 加载路径更易使管道发生压溃。

3.5　经验公式拟合和验证

根据 DNV 现行规范对复杂载荷作用下管道的极限承载力计算公式,可以发现目前 DNV 规范中针对载荷组合相关系数的选取比较复杂,在进行校核计算时并未提及不同加载路径对海底管道压溃压力的影响,而且现行规范的计算结果与管道压溃试验结果偏离较大,不能很好地满足海底管道在轴力和水压联合作用下的规范校核要求。因此,本节根据数值模拟结果,针对危险加载路径,提出了更加准确的经验公式,作为对 DNV 规范校核计算的补充公式。

3.5.1　经验公式拟合

1. 经验公式基本形式

在本章的试验结果和数值模拟结果对比中,已经充分论证了不同加载路径对海底管道压溃压力的影响,$P \rightarrow T$ 加载路径是海底管道在该工况下的危险加载路径,因此选取 $P \rightarrow T$ 加载路径作为海底管道极限承载力的校核计算更加合理,对工程实际管道压溃压力的设计更具有指导意义。利用有限元模型参数化建模的特点,通过 ABAQUS 软件进行大量重要参数的敏感性分析,完成包括管道直径、管道壁厚、材料屈服强度、轴力大小等影响因素的分析,得到 $P \rightarrow T$ 加载路径下经验公式的数据基础。根据管道模型中几何尺寸、材料参数以及轴力对海底管道压溃压力的影响,确定经验公式的基本形式如下:

$$a_1 \left(\frac{T}{T_0} \right)^{a_2} + a_3 \left(\frac{D}{t} \right)^{a_4} \left(\frac{P_{co}}{P_c} \right)^{a_5} = 1 \tag{3-2}$$

其中

$$T_0 = \pi \sigma_0 (D - t) t \tag{3-3}$$

$$(P_c - P_{el})(P_c^2 - P_p^2) = P_c P_{el} P_p f_0 \frac{D}{t} \tag{3-4}$$

$$P_{el} = \frac{2E \left(\dfrac{t}{D} \right)^3}{1 - v^2} \tag{3-5}$$

$$P_p = \sigma_0 \frac{2t}{D} \tag{3-6}$$

$$f_0 = \frac{D_{max} - D_{min}}{D} \tag{3-7}$$

2. 经验公式拟合方法

经验公式拟合的本质是最小二乘问题,根据公式中的参数可以计算得到拟合结果和实际结果,需要求解若干个函数平方和的极小值问题,即目标函数为

$$F(\boldsymbol{x}) = \sum_{i=1}^{m} f_i^2(\boldsymbol{x}), \qquad \boldsymbol{x} \in \mathbf{R}^n \tag{3-8}$$

对于线性参数最小二乘问题,目标函数模型可简化为

$$\min_{\boldsymbol{x} \in R^n} \| \boldsymbol{A} \boldsymbol{x} - \boldsymbol{b} \|^2 \tag{3-9}$$

令其目标函数的梯度等于 0,得到

$$\boldsymbol{A}^T \boldsymbol{A} \boldsymbol{x} = \boldsymbol{A}^T \boldsymbol{b} \tag{3-10}$$

即

$$\boldsymbol{x}^* = (\boldsymbol{A}^T \boldsymbol{A})^{-1} \boldsymbol{A}^T \boldsymbol{b} \tag{3-11}$$

现在需要解决的参数拟合是非线性最小二乘问题,其模型为

$$\min_{\boldsymbol{x} \in \mathbf{R}^n} F(\boldsymbol{x}) = \sum_{i=1}^{m} f_i^2(\boldsymbol{x}) \tag{3-12}$$

求解非线性最小二乘问题的基本方法是通过求解一系列的线性最小二乘问题逐步逼近非线性最小二乘问题的解。假设 $\boldsymbol{x}^k$ 是最小二乘问题解的第 k 次的近似解,将每一个函数 f_i 在 $\boldsymbol{x}^k$ 处进行线性展开,成功将其转化为线性最小二乘问题,将其最优解作为最小二乘问题的第 $k+1$ 次的近似解 $\boldsymbol{x}^{k+1}$,不断重复上述过程,直到得到原问题的解。其中心思想是用线性函数来近似表示非线性函数,利用线性最小二乘法求解非线最小二乘问题。假设第 k 次迭代点为 $\boldsymbol{x}^k$,由泰勒公式

$$f_i(\boldsymbol{x}) \approx f_i(\boldsymbol{x}^k) + \nabla f_i(\boldsymbol{x}^k)^T (\boldsymbol{x} - \boldsymbol{x}^k) \tag{3-13}$$

所以

$$f(\boldsymbol{x}) \approx f(\boldsymbol{x}^k) + \boldsymbol{A}(\boldsymbol{x}^k)(\boldsymbol{x} - \boldsymbol{x}^k) \tag{3-14}$$

其中

$$A(\boldsymbol{x}^k) = \begin{bmatrix} \dfrac{\partial f_1}{\partial x_1} & \cdots & \dfrac{\partial f_1}{\partial x_n} \\ \vdots & \ddots & \vdots \\ \dfrac{\partial f_m}{\partial x_1} & \cdots & \dfrac{\partial f_m}{\partial x_n} \end{bmatrix}_{\boldsymbol{x}=\boldsymbol{x}^k} = (\dfrac{\partial f_i(\boldsymbol{x}^k)}{\partial x_j})_{m\times n} \tag{3-15}$$

简记 $\boldsymbol{A}_k = A(\boldsymbol{x}_k)$ ，

$$S(\boldsymbol{x}) \approx \left\| f(\boldsymbol{x}^k) + \boldsymbol{A}_k(\boldsymbol{x}-\boldsymbol{x}^k) \right\|^2 = \left\| f(\boldsymbol{x}^k) + \boldsymbol{A}_k\boldsymbol{d}^k \right\|^2$$
$$= \left[\boldsymbol{A}_k\boldsymbol{d}^k + f(\boldsymbol{x}^k) \right]^{\mathrm{T}} \left[\boldsymbol{A}_k\boldsymbol{d}^k + f(\boldsymbol{x}^k) \right] \tag{3-16}$$

其中， $\boldsymbol{d}^k = \boldsymbol{x} - \boldsymbol{x}^k$ 。

转化为

$$\min \varphi(\boldsymbol{x}) = \left[\boldsymbol{A}_k\boldsymbol{d}^k + f(\boldsymbol{x}^k) \right]^{\mathrm{T}} \left[\boldsymbol{A}_k\boldsymbol{d}^k + f(\boldsymbol{x}^k) \right] \tag{3-17}$$

可采用线性最小二乘法来解这个方程。

$$\boldsymbol{A}_k^{\mathrm{T}}\boldsymbol{A}_k\boldsymbol{d}^k = -\boldsymbol{A}_k^{\mathrm{T}} f(\boldsymbol{x}^k) \tag{3-18}$$

当 $\boldsymbol{A}_k^{\mathrm{T}}\boldsymbol{A}_k$ 可逆时，

$$\boldsymbol{d}^k = -(\boldsymbol{A}_k^{\mathrm{T}}\boldsymbol{A}_k)^{-1}\boldsymbol{A}_k^{\boldsymbol{T}} f(\boldsymbol{x}^k) \tag{3-19}$$

令 $\boldsymbol{x}^{k+1} = \boldsymbol{x}^k + \boldsymbol{d}^k$ ，得到迭代公式：

$$\boldsymbol{x}^{k+1} = \boldsymbol{x}^k + \boldsymbol{d}^k = \boldsymbol{x}^k - (\boldsymbol{A}_k^{\mathrm{T}}\boldsymbol{A}_k)^{-1}\boldsymbol{A}_k^{\mathrm{T}} f(\boldsymbol{x}^k) \tag{3-20}$$

此法称为 Gauss-Newton 法。

为使收敛速度更快，提出了改进的 Gauss-Newton 法，即

$$\nabla S(\boldsymbol{x}) = 2\sum_{i=1}^{m} f_i(\boldsymbol{x})\nabla f_i(\boldsymbol{x}) = 2\boldsymbol{A}^{\mathrm{T}}(\boldsymbol{x})f(\boldsymbol{x}) \tag{3-21}$$

记 $\boldsymbol{H}_k = 2\boldsymbol{A}_k^{\mathrm{T}}\boldsymbol{A}_k$ ，则 $\boldsymbol{H}_k$ 是 $\varphi(\boldsymbol{x})$ 在点 $\boldsymbol{x}^k$ 处的黑塞矩阵，且

$$\boldsymbol{H}_k = \begin{bmatrix} \dfrac{\partial^2 f_1}{\partial^2 x_1} & \cdots & \dfrac{\partial^2 f_1}{\partial x_1\partial x_n} \\ \vdots & \ddots & \vdots \\ \dfrac{\partial f_m}{\partial x_n\partial x_1} & \cdots & \dfrac{\partial^2 f_m}{\partial^2 x_n} \end{bmatrix}_{\boldsymbol{x}=\boldsymbol{x}^k} \tag{3-22}$$

改进过程为

$$\boldsymbol{H}_k = -\nabla S(\boldsymbol{x}^k) \tag{3-23}$$

$$\boldsymbol{d}^k = -\boldsymbol{H}_k^{-1}\nabla S(\boldsymbol{x}^k) \tag{3-24}$$

$$\boldsymbol{x}^{k+1} = \boldsymbol{x}^k - \boldsymbol{H}_k^{-1}\nabla S(\boldsymbol{x}^k) \tag{3-25}$$

列文伯格－马夸尔特算法（LM，Levenberg-Marquardt Algorithm）是使用最广泛的非线性最小二乘算法，能提供非线性最小化（局部最小）的数值解。此算法是高斯－牛顿法和最速下降法的结合，具有高斯－牛顿法的局部收敛性和梯度下降法的全局特性。它通过自适应调整阻尼因子来达到收敛特性，具有更高的迭代收敛速度，在很多非线性优化问题中得到

了稳定可靠解。其算法迭代原理如下。

设误差指标函数为

$$E(\boldsymbol{x}) = \frac{1}{2}\sum_{i=1}^{p}\left\|\boldsymbol{f}_i - \boldsymbol{f}_i^r\right\|^2 = \frac{1}{2}\sum_{i=1}^{p}e_i^2(\boldsymbol{x}) \tag{3-26}$$

式中：f_i 为期望的输出向量；f_i^{T} 为实际的输出向量；p 为样本数目；x 为系数所组成的向量；$e_i(\boldsymbol{x})$ 为误差。

设 $\boldsymbol{x}^k$ 表示第 $\boldsymbol{k}$ 次迭代的系数所组成的向量，新的系数所组成的向量 $\boldsymbol{x}^{k+1} = \boldsymbol{x}^k + \Delta\boldsymbol{x}$。在 LM 方法中，系数增量 $\Delta\boldsymbol{x}$ 计算公式如下：

$$\Delta\boldsymbol{x} = \left[J^{\mathrm{T}}(\boldsymbol{x})J(\boldsymbol{x}) + \mu\boldsymbol{I}\right]^{-1}J^{\mathrm{T}}(\boldsymbol{x})e(\boldsymbol{x}) \tag{3-27}$$

式中：$\boldsymbol{I}$ 为单位矩阵；μ 为斜率；$J(\boldsymbol{x})$ 为 Jacobian 矩阵，且

$$J(\boldsymbol{x}) = \begin{bmatrix} \dfrac{\partial e_1(x)}{\partial x_1} & \dfrac{\partial e_1(x)}{\partial x_2} & \cdots & \dfrac{\partial e_1(x)}{\partial x_n} \\ \dfrac{\partial e_2(x)}{\partial x_1} & \dfrac{\partial e_2(x)}{\partial x_2} & \cdots & \dfrac{\partial e_2(x)}{\partial x_n} \\ \vdots & \vdots & \ddots & \vdots \\ \dfrac{\partial e_N(x)}{\partial x_1} & \dfrac{\partial e_N(x)}{\partial x_2} & \cdots & \dfrac{\partial e_N(x)}{\partial x_n} \end{bmatrix} \tag{3-28}$$

如果 $\mu = 0$，则为高斯 - 牛顿法；如果 μ 取值很大，则 LM 算法接近梯度下降法，每迭代成功一步，则 μ 减小一些，这样在接近误差目标的时候，逐渐与高斯 - 牛顿法相似。高斯 - 牛顿法在接近误差的最小值的时候，计算速度更快，精度也更高。由于 LM 算法利用了近似的二阶导数，它比梯度下降法快得多。另外，由于 $\left[J^{\mathrm{T}}(\boldsymbol{x})J(\boldsymbol{x}) + \mu\boldsymbol{I}\right]$ 是正定的，所以式（3-27）的解总是存在的，从这个意义上说，LM 算法也优于高斯 - 牛顿法，因为对于高斯 - 牛顿法来说，$\boldsymbol{J}^{\mathrm{T}}\boldsymbol{J}$ 是否满秩还是一个潜在的问题。在实际操作中，μ 是一个试探性的参数，对于给定的 μ，如果求得的 $\Delta\boldsymbol{x}$ 能使误差指标函数 $E(\boldsymbol{x})$ 降低，则 μ 降低；反之，则 μ 增加。

LM 算法的计算步骤描述如下：

（1）给出训练误差允许值 ε，常数 μ_0 和 β（$0 < \beta < 1$），并且初始化系数向量，令 $k = 0$，$\mu = \mu_0$；

（2）计算输出及误差指标函数 $E(\boldsymbol{x}^k)$；

（3）计算雅克比矩阵 $J(\boldsymbol{x}^k)$；

（4）计算 $\Delta\boldsymbol{x}$；

（5）若 $E(\boldsymbol{x}^k) < \varepsilon$，跳转到（7）；

（6）以 $\boldsymbol{x}^{k+1} = \boldsymbol{x}^k + \Delta\boldsymbol{x}$ 为系数向量，计算误差指标函数 $E(\boldsymbol{x}^{k+1})$，若 $E(\boldsymbol{x}^{k+1}) < E(\boldsymbol{x}^k)$，则令 $k = k+1$，$\mu = \mu\beta$，跳转到（2），否则 $\mu = \mu / \beta$，转到（4）。

（7）算法结束。

3.5.2 经验公式验证

利用 LM 算法,计算得到的各参数取值见表 3-13,最终确定的海底管道在 $P \to T$ 加载路径下的经验公式如(3-29)所示。

表 3-13 $P \to T$ 加载路径下管道压溃压力经验公式参数值

参数	a_1	a_2	a_3	a_4	a_5
取值	0.5	1.958	0.5	0.325	0.927

$$\frac{1}{2}\left(\frac{T}{T_0}\right)^{1.958} + \frac{1}{2}\left(\frac{D}{t}\right)^{0.325}\left(\frac{P_{co}}{P_c}\right)^{0.927} = 1 \tag{3-29}$$

式中: $0.1T_0 < T < 0.8T_0$, $15 < D/t < 45$ 。

为验证海底管道在 $P \to T$ 加载路径下压溃压力经验公式的正确性,将马达万(Madhavan)的相关试验结果和本章中的试验结果,分别代入 DNV 规范校核计算公式和经验公式中进行对比分析,相关试验的几何尺寸、材料参数以及计算结果见表 3-14,其中 P_{co} 表示试验结果, P_{DNV} 表示 DNV 规范公式的计算结果, P_{cal} 表示本章经验公式的计算结果,试验结果和不同计算公式结果的对比如图 3-24 所示。

表 3-14 $P \to T$ 加载路径下试验结果与公式计算结果对比

D/mm	t/mm	Δ_0	σ_0/MPa	E/GPa	T/kN	P_{co}/MPa	P_{DNV}/MPa	$\dfrac{P_{DNV}-P_{co}}{P_{co}}$	P_{cal}/MPa	$\dfrac{P_{cal}-P_{co}}{P_{co}}$
30.42	1.12	0.23%	385.42	193.05	4.06	12.80	14.53	13.49%	12.56	-1.92%
30.43	1.11	0.32%	385.42	193.05	14.93	11.24	13.33	18.57%	10.96	-2.50%
30.43	1.11	0.35%	385.42	193.05	21.48	9.20	11.73	27.42%	9.90	7.56%
30.42	1.15	0.23%	385.42	193.05	22.61	10.59	13.16	24.28%	11.32	6.87%
30.43	1.09	0.40%	385.42	193.05	25.49	8.09	8.59	6.26%	8.46	4.62%
60.00	3.00	0.6%	265.8	193.00	89.35	14.15	12.49	-11.72%	13.07	-7.86%
76.00	4.26	0.4%	301.5	193.00	201.37	19.80	12.71	-35.81%	17.25	-12.88%
51.00	3.00	0.3%	375.9	191.76	73.06	30.00	28.94	-3.53%	28.43	-5.21%

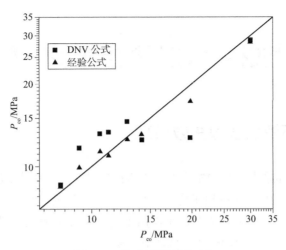

图 3-24 公式计算结果对比

　　通过国内外试验结果和 DNV 规范校核结果、经验公式计算结果的对比可以发现, DNV 规范中的计算公式与试验结果偏离较大, 经验公式的计算结果比 DNV 规范校核结果更接近试验结果, 经验公式能够更好地预测海底管道在轴力和水压联合作用下的压溃压力, 对实际海底管道在该工况下设计更具有参考价值。

第4章 弯矩－水压联合加载下的管道屈曲

4.1 弯矩作用下海底管道失效机理

海底管道在铺设和服役过程中始终处于深水高压的工作环境中,除了外部压力之外,弯矩也是重要载荷之一。Brazier 提出了弯矩作用下管道的理论模型,得到了弯矩和曲率之间的非线性关系。Fabian 提出了管道在弯矩作用下会发生极值型屈曲或分枝型屈曲,并根据两种失效形式建立了一套完善的管道屈曲研究方法。薛嘉行对铝制圆管进行了四点弯曲试验,讨论了弯曲过程中的截面扁化和薄壁壳体在受压侧出现波纹的失稳现象。黄义基于板壳理论考虑了复合材料圆柱壳的横向剪切变形,提出了相应的位移解法。希尔伯林克(Hilberink)采用试验和有限元分析方法,对液压成型的金属复合管进行弯曲加载,得到了无缝管和螺旋焊管等不同成型方法下管道的曲率与弯矩的对应关系。白宁将材料本构方程从一般的应力应变形式转换为弯矩与曲率的对应形式,可以有效运用于海底管道的铺设工作。杨诗君采用有限元软件分析了径厚比对钢管力学性能的影响,并用试验结果验证了有限元计算结果的正确性,在此基础上分析了材料属性和几何缺陷等因素对钢管弯曲性能的影响。张子骞从旋转壳体的几何方程出发,基于 J2 形变理论和能量理论,建立了圆柱壳体在纯弯条件下塑性失稳的数学模型,从而探究不同几何条件下圆柱壳体的塑性失稳临界半径和极限弯矩承载力。武毅基于弹塑性强化模型,分析了卷管法上卷过程中的管道受力与变形,得出了不同钢材海底管道的最大弯矩承载力和最小曲率半径。卡拉马诺斯(Karamanos)针对弯曲作用下的复合管道,采用理论和有限元方法对内部管道受压侧的破坏形式进行了分析。

对于承受循环弯矩作用下的管道,肖(Shaw)对其进行了非线性理论分析,讨论了钢材的塑性硬化对循环弯矩作用下管道屈曲的影响。李(Lee)对含初始缺陷的管道进行了循环弯矩加载试验,探究了截面变形随加载过程的变化情况,证明了弯矩的循环作用明显加大管道截面椭圆度。施刚利用钢材的单向和循环加载试验,得到了对应材料参数,并在 AB-AQUS 有限元分析软件中模拟出 Q460C 高强度钢材在各种循环加载方式下的滞回性能。阿扎德(Azadeh)对含初始凹陷的管道进行了疲劳分析,在多组循环弯曲试验下,提出了管道截面椭圆度随加载曲率变化的经验公式,拟合结果与试验结果非常吻合。巴恩斯(Barnes)采用有限元分析方法,重点对循环加载过程中双层管道的环向应力进行了分析,得到了不同弯矩加载次数下管道的应变分布情况。

由于海底管道所处的环境复杂,普遍受到水压和弯矩的联合作用。与单独载荷的作用相比,在复杂载荷的作用下,海底管道的承载能力将大打折扣,同时屈曲破坏机理也将发生改变。因此,国内外学者对联合载荷作用下的海底管道进行分析,研究弯压组合作用下的局部屈曲破坏机理。约翰斯(Johns)借助理论方法和缩尺比管道试验,研究了管道在弯矩和外部水压组合作用下的破坏。金梦石对极值型失稳的管道进行了理论分析,借助静力平衡条件建立了对应的方程,通过大量数值计算得到了弯矩和压力的临界状态曲线。埃斯特芬(Estefen)运用板壳理论,借助压力试验模拟了卷管铺设过程中弯压联合作用下的管道,得到了含初始缺陷管道的抗压能力。Kyriakide 通过试验和理论分析的方法,对管道在外压和弯矩作用下的极值型屈曲响应进行了研究,在二维圆环模型下得出先施加外压再施加弯矩的加载路径更易使管道进入局部屈曲状态。莫哈雷布(Mohareb)基于 von-Mises 屈曲准则和理想弹塑性假设,推导出了管道在内压、轴力和弯矩组合作用下的平衡方程,并用试验结果验证了理论模型的可靠性。袁林结合管道的铺设过程,基于非线性环理论建立了深海油气管道铺设的基本理论方程,对承受静水压力、轴向拉力和弯曲联合作用的管道进行了极限承载力的计算。陈飞宇针对含有初始缺陷的海底管道,建立了管道在弯矩、轴力和外部静水压力联合作用下的屈曲压溃理论模型,研究了不同载荷单独作用以及多种载荷联合作用下的管道承载能力,结果表明,复杂载荷作用下的管道承载能力并不是各载荷单独作用的线性叠加。王慧平在已有的管道极限弯矩解析解的基础上,考虑了管道截面塑性区的椭圆化变形以及管道材料的各向异性,推导出了管道在内压、轴向力和弯矩联合作用下的极限弯矩承载力。

　　理论模型为计算海底管道的复杂承载问题提供了重要依据,得出了管道在弯矩和外压作用下的屈曲破坏形式和极限承载力,同时逐渐完善的数值仿真方法也是解决实际工程问题的重要手段。Corona 通过研究发现管道初始曲率所产生的残余应力和管道的初始椭圆度会造成非对称屈曲的发生,以虚功原理为基础提出了计算弯矩和静水压力联合作用下的数值模拟方法,通过试验证明了方法的可靠性。Bai 采用数值仿真方法,对不同径厚比的管道进行弯矩和外压的联合加载,考虑了初始几何缺陷、屈服各向异性和加载路径对管道屈曲响应的影响。Toscano 借助深水压力试验舱对全尺寸管道进行了弯矩和外压的联合加载试验,得到了管道在纯外压下的压溃压力和屈曲传播压力,同时也得到了管道在外压作用下的极限弯矩承载力和弯矩作用下的压溃压力,并根据试验参数在有限元软件中对管道试件进行了分析计算,得到的管道变形形式和受力状态与试验结果基本吻合,验证了复杂加载下管道有限元模型的准确性。崔振平运用有限元软件进行了管道的非线性屈曲分析,得出了管道的静水压溃压力随管道曲率的增加而减小。加齐亚哈尼(Ghazijahani)运用非线性有限元和试验方法对弯矩和外压作用下的大径厚比管道进行了分析计算,并在有限元模型中通过合理的位移约束保证管道沿轴向发生弯曲变形,两种方法得到的管道变形形式和极限承载力基本相符。何璇以含球形和椭球形凹陷的圆管作为研究对象,在有限元软件中研究了不同初始几何缺陷对管道的承压及承弯能力的影响,得到了复杂载荷作用时管道的屈曲载荷临界值相对于单一载荷作用时的偏离程度。龚顺风针对纯外压和复杂载荷作用下的管道,运用理论和有限元方法对不同几何参数的管道进行了分析,研究了几何缺陷造成的非对称屈曲形式以及管道在不同敏感性因素下的承载性能。

4.2 弯矩 - 水压联合加载理论求解

4.2.1 基本假定

本书在前人的基础上选择了经过验证的非线性环模型,按照虚功原理进行计算。同时采用更符合边界条件的三角级数对位移进行离散,并引入相匹配的椭圆度缺陷,在 MAT-LAB 中通过载荷增量的解算方法实现不同加载路径的加载。从而在充分考虑椭圆缺陷形式和载荷施加顺序的情况下,对复杂载荷作用下的管道模型进行分析计算。

对于理论模型简化的准确性,有以下几点需要注意:

(1)对于实际工程中的深水海底管道,往往延绵上百千米,管线的轴向长度远大于管道圆环截面的尺寸,因此忽略剪切应力和径向应力,选用非线性环理论构建几何方程;

(2)因为模型假定轴向曲率一致,必须同时将管道缺陷也简化为沿轴线一致的情况,如此可能会使计算得到的管道承载能力略微降低,这在安全性上是可以接受的;

(3)由于模型的对称性,选择半圆管道模型进行分析;

(4)在离散和求解过程中,合理选用积分点个数及牛顿求解方法。

管道在外压作用下会在缺陷处发生局部压溃,管道压溃压力的确定,与失稳之后的后屈曲阶段无关。因此,基于薄壳理论相关假设和平断面假定条件建立圆环模型,忽略圆环上与环向应力相比较小的径向应力,并且在管道轴向上认为各截面变形一致。同时,由于采用了薄壁假定,管道的径厚比越大越接近实际情况,因此只考虑径厚比不小于 20 的管道。根据以上假定,采用理论方法对弯矩和外压作用下管道模型进行分析计算,并对复杂载荷下的管道屈曲失效理论进行探究。

管道的受力与位移情况如图 4-1 所示,其中 P 表示管道所受外压;M 表示两端截面的弯矩;R 表示圆心到管壁中性层的距离;z 表示中性层法向坐标,取值范围为($-t/2, t/2$);v 和 w 分别表示中性层上某点的环向位移和径向位移;η 和 ζ 分别表示中性层处某质点的横纵坐标,取该点与纵轴的夹角为 θ,得到位移与坐标的关系如下:

$$\begin{cases} \eta = (R+z)\sin\theta + w\sin\theta + v\cos\theta \\ \zeta = (R+z)\cos\theta + w\cos\theta - v\sin\theta \end{cases} \quad (4\text{-}1)$$

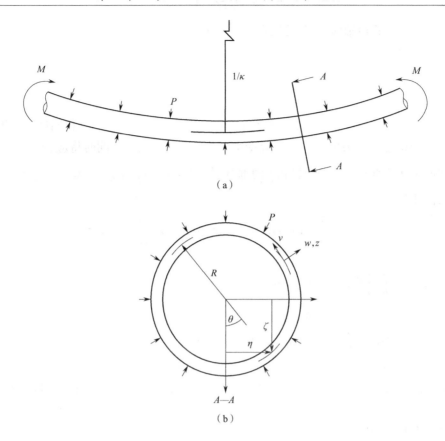

图 4-1　弯压联合作用下的管道受力示意图
（a）管道的轴向受力情况　　（b）管道圆环截面的受力情况

4.2.2　控制方程

1. 几何方程

根据非线性环理论,管道模型的环向应变 ε_θ 由薄膜应变 ε_θ^0 和弯曲应变两个部分构成,即

$$\varepsilon_\theta = \left(\varepsilon_\theta^0 + z\kappa_\theta\right) - \bar{\varepsilon}_\theta \qquad (4\text{-}2)$$

$$\varepsilon_\theta^0 = \left(\frac{v'+w}{R}\right) + \frac{1}{2}\left(\frac{v'+w}{R}\right)^2 + \frac{1}{2}\left(\frac{v-w'}{R}\right)^2 \qquad (4\text{-}3)$$

$$\kappa_\theta = \frac{\left(\dfrac{v'-w''}{R^2}\right)}{\sqrt{1-\left(\dfrac{v-w'}{R}\right)^2}} \qquad (4\text{-}4)$$

式中:κ_θ 为环向曲率;$\bar{\varepsilon}_\theta$ 为非圆管道初始缺陷引起的应变;位移 v 和 w 的导数表示对 θ 求导。

因为假设认为管道轴向变形一致,所以管道截面任意一点的轴向应变 ε_x 为

$$\varepsilon_x = \varepsilon_x^0 + \zeta\kappa \tag{4-5}$$

式中:ε_x^0 为管道弯曲中性面处的轴向应变。

2. 本构关系

为了保证计算的准确性,必须选择合适的本构关系对管道模型的材料属性进行模拟,因此采用增量理论建立应力增量 $d\sigma_{ij}$ 与应变增量 $d\varepsilon_{ij}$ 之间的关系。同时将应变增量 $d\varepsilon_{ij}$ 分为弹性应变增量 $d\varepsilon_{ij}^e$ 和塑性应变增量 $d\varepsilon_{ij}^p$ 两部分,使用 Ramberg-Osgood 模型对应力 – 应变关系进行拟合,即

$$\begin{cases} d\varepsilon_{ij} = d\varepsilon_{ij}^e + d\varepsilon_{ij}^p = \dfrac{1}{E}\Big[(1+\mu)d\sigma_{ij} - \mu d\sigma_{kk}\delta_{ij}\Big] + h\dfrac{9}{4}\dfrac{1}{\sigma_3^2}s_{ij}s_{kl}d\sigma_{kl} \\[4mm] h = \begin{cases} \dfrac{3}{7}\dfrac{n}{E}\left(\dfrac{\sigma_e}{\sigma_y}\right)^{n-1}, & d\sigma_e > 0 \\[3mm] 0, & d\sigma_e \leqslant 0 \end{cases} \end{cases} \tag{4-6}$$

式中:h 为强化模量;s_{ij} 为应力偏张量;σ_e 为等效应力。

把加载过程划分为若干个增量步,第(i+1)个增量步下的应力、应变全量即可根据第 i 个增量步下的应力、应变全量以及当前增量步下的应力、应变增量之和确定,以张量形式表示为

$$\begin{cases} \sigma_{ij}^{(i+1)} = \sigma_{ij}^{(i)} + d\sigma_{ij} \\[2mm] \varepsilon_{ij}^{(i+1)} = \varepsilon_{ij}^{(i)} + d\varepsilon_{ij} \end{cases} \tag{4-7}$$

3. 能量方程

由于管道圆环模型处于静态受力状态,由虚功原理可得平衡方程为

$$\delta\dot{\Pi} = \delta(\dot{U} - \dot{W}) = \delta\dot{U} - \delta\dot{W} = 0 \tag{4-8}$$

式中:$\delta\dot{U}$ 为虚应变能增量的变分;$\delta\dot{W}$ 为外力虚功增量的变分。

由于管道的轴向曲率在加载中是预先给定的,因此弯矩对管道所做虚功为零,在外力虚功中只有外压做功,从而得到虚应变能增量与外力虚功增量的变分,即

$$\delta\dot{W} = \hat{P}\delta(\Delta\dot{S}) = \hat{P}\int_0^{2\pi}\left[\delta w + \frac{1}{2R}\left(2w\delta w + \delta w\frac{\partial v}{\partial\theta} + w\delta\left(\frac{\partial v}{\partial\theta}\right) - \delta v\frac{\partial w}{\partial\theta} - v\delta\left(\frac{\partial w}{\partial\theta}\right) + 2v\delta v\right)\right]Rd\theta \tag{4-9}$$

$$\begin{aligned} \delta\dot{U} &= \int_0^{2\pi}\int_{-t/2}^{t/2}\Big[(\sigma_{ij} + d\sigma_{ij})\delta(d\varepsilon_{ij})\Big](R+z)dzd\theta \\ &= \int_0^{2\pi}\int_{-t/2}^{t/2}\Big[(\sigma_x + d\sigma_x)\delta\dot{\varepsilon}_x + (\sigma_\theta + d\sigma_\theta)\delta\dot{\varepsilon}_\theta\Big](R+z)dzd\theta \end{aligned} \tag{4-10}$$

式中:ΔS 是圆环截面的面积变化量;$(\dot{\bullet})$ 代表增量,$(\dot{\bullet}) = (\bullet) + (\dot{\bullet})$。

4.2.3　理论模型求解

1. 积分与方程组的求解

由于二维圆环的能量方程中包含对截面环向和厚度方向的积分,因此需要采用高斯积分的数值方法对其进行求解,本次求解中采用高斯－勒让德(Gauss-Legrendre)求积公式进行积分求解。

权函数 $\rho(x)=1$ 的积分区间为 $[-1,1]$,其上的 Legrendre 正交多项式为

$$p_n(x) = \frac{1}{2^n n!} \frac{\mathrm{d}^n}{\mathrm{d}x^n} \left(x^2 - 1\right)^n, n = 0,1,2,\cdots \tag{4-11}$$

在高斯型求积公式,取 $p_{n+1}(x)$ 的零点作为求积节点,得到求积公式:

$$\int_{-1}^1 f(x)\mathrm{d}x \approx \sum_{k=0}^n A_k f(x_k) \tag{4-12}$$

称其为 Gauss-Legrendre 求积公式,其中各项系数 A_k 由下式确定:

$$A_k = \int_{-1}^1 \frac{p_{n+1}(x)}{(x - x_k) p_{n+1}'(x_k)} \mathrm{d}x, k = 0,1,2,\cdots \tag{4-13}$$

利用正交多项式的性质,可得到系数的简明表达式:

$$A_k = \frac{2}{\left(1 - x_k^2\right)\left[p_{n+1}'(x_k)\right]^2}, k = 0,1,2,\cdots \tag{4-14}$$

在实际计算中,通常是先对 Legrendre 正交多项式求出零点,并计算出相应的 Gauss-Legrendre 求积系数进行求积计算。

同时,为了完成对方程组的求解,采用牛顿法(Newton's method)在编程语句中实现。在实际迭代求解方程组时,由于受到存储量以及舍入误差的影响,得到的解实际上都是近似解。

针对非线性方程组的求解,牛顿法是根据逐次线性化的思想建立起来的一种迭代方法。设 $\boldsymbol{x}^* = (x_1^*, x_2^*, \cdots, x_n^*) \in D$ 是式(4-15)的解,假定 $F(\boldsymbol{x})$ 在 $\boldsymbol{x}^* \in D$ 的某个邻域中连续可微,对 $\boldsymbol{x}^*$ 邻域中的 $\boldsymbol{x}^k = \left(x_1^k, x_2^k, \cdots, x_n^k\right)$,在 $\boldsymbol{x}^k$ 处将 $F(\boldsymbol{x})$ 进行泰勒展开为 $F(\boldsymbol{x}) = F(\boldsymbol{x}^k) + F'(\boldsymbol{x}^k)(\boldsymbol{x} - \boldsymbol{x}^k) + o\left\|\boldsymbol{x} - \boldsymbol{x}^k\right\|$,取线性项即可得到方程组如下:

$$F(\boldsymbol{x}) = \begin{bmatrix} f_1(x_1, x_2, \cdots, x_n) \\ f_2(x_1, x_2, \cdots, x_n) \\ \vdots \\ f_n(x_1, x_2, \cdots, x_n) \end{bmatrix} = \begin{bmatrix} 0 \\ 0 \\ \vdots \\ 0 \end{bmatrix} \tag{4-15}$$

$$F(\boldsymbol{x}) = \begin{bmatrix} f_1\left(x_1^k, x_2^k, \cdots, x_n^k\right) \\ f_2\left(x_1^k, x_2^k, \cdots, x_n^k\right) \\ \vdots \\ f_n\left(x_1^k, x_2^k, \cdots, x_n^k\right) \end{bmatrix} + F'(\boldsymbol{x}^k) \begin{bmatrix} x_1 - x_1^k \\ x_2 - x_2^k \\ \vdots \\ x_n - x_n^k \end{bmatrix} = \begin{bmatrix} 0 \\ 0 \\ \vdots \\ 0 \end{bmatrix} \tag{4-16}$$

式中: $F'(x^k)$ 为雅克比(Jacobi)矩阵,即多元函数的导数,有

$$F'(\boldsymbol{x}^k) = \begin{bmatrix} \dfrac{\partial f_1}{\partial x_1} & \cdots & \dfrac{\partial f_1}{\partial x_n} \\ \vdots & \ddots & \vdots \\ \dfrac{\partial f_n}{\partial x_1} & \cdots & \dfrac{\partial f_n}{\partial x_n} \end{bmatrix} \tag{4-17}$$

此时,牛顿迭代公式为

$$\begin{bmatrix} x_1^{k+1} \\ x_2^{k+1} \\ \vdots \\ x_n^{k+1} \end{bmatrix} = \begin{bmatrix} x_1^k \\ x_2^k \\ \vdots \\ x_n^k \end{bmatrix} - \left[F'(\boldsymbol{x}^k) \right]^{-1} \begin{bmatrix} f_1\left(x_1^k, x_2^k, \cdots, x_n^k\right) \\ f_2\left(x_1^k, x_2^k, \cdots, x_n^k\right) \\ \vdots \\ f_n\left(x_1^k, x_2^k, \cdots, x_n^k\right) \end{bmatrix} \tag{4-18}$$

2. 离散求解

为了满足位移边界条件,在 θ=0, $\pi/2$, π, $3\pi/2$ 时, $v = \partial w / \partial \theta$ =0,选择三角级数对环向和径向位移 v、w 进行离散,即

$$\begin{cases} v = R\displaystyle\sum_{n=1}^{N} v_n \sin 2n\theta \\ w = R\displaystyle\sum_{n=0}^{N} w_n \cos 2n\theta \end{cases} \tag{4-19}$$

式中: N 为环向和径向的离散级数; v_n 和 w_n 为位移函数的待定参数。

位移函数对 θ 的偏导数为

$$\begin{cases} \dfrac{\partial v}{\partial \theta} = 2nR\displaystyle\sum_{n=1}^{N} v_n \cos 2n\theta \\ \dfrac{\partial w}{\partial \theta} = -2nR\displaystyle\sum_{n=0}^{N} w_n \sin 2n\theta \end{cases} \tag{4-20}$$

同时,假定管道受到的外部水压和弯曲变形产生的曲率轴向一致,在该假定下可以认为管道任一横截面的变形和受载形式相同,因此假定管道轴向一致的椭圆度缺陷 w_0 为

$$w_0 = -\Delta_0 R \cos 2n\theta \tag{4-21}$$

椭圆度缺陷函数对 θ 的偏导数为

$$\frac{\partial w_0}{\partial \theta} = 2n\Delta_0 R \sin 2n\theta \tag{4-22}$$

由一致性椭圆度缺陷计算出非圆管道初始缺陷引起的应变 $\dot{\varepsilon}_\theta$ 为

$$\dot{\varepsilon}_\theta = \frac{w_0}{R} + \frac{w_0^2}{2R^2} + \frac{\left(\dfrac{\partial w_0}{\partial \theta}\right)^2}{2R^2} \tag{4-23}$$

在第(i+1)个增量步下,由于前一步的应力、应变全量已知,可根据式(4-2)至式(4-5)求得第(i+1)步的应变全量,再利用式(4-7)得到应变增量。以矩阵形式替代式(4-6)中的

张量形式,得到应变增量对应应力增量的关系如下:

$$\begin{Bmatrix} \mathrm{d}\varepsilon_{xx} \\ \mathrm{d}\varepsilon_{\theta\theta} \end{Bmatrix} = \begin{bmatrix} \boldsymbol{C} \end{bmatrix}_{2\times2} \begin{Bmatrix} \mathrm{d}\sigma_{xx} \\ \mathrm{d}\sigma_{\theta\theta} \end{Bmatrix} \tag{4-24}$$

式中:$\boldsymbol{C}$ 为柔度矩阵,各项数值为

$$C_{11} = \frac{1}{E} + h\frac{9}{4}\frac{1}{(\sigma_e)^2}(s_{xx})^2 \tag{4-25}$$

$$C_{12} = C_{21} = -\frac{\mu}{E} + h\frac{9}{4}\frac{1}{(\sigma_e)^2}s_{xx}s_{\theta\theta} \tag{4-26}$$

$$C_{22} = \frac{1}{E} + h\frac{9}{4}\frac{1}{(\sigma_e)^2}(s_{\theta\theta})^2 \tag{4-27}$$

$$s_{xx} = \frac{2\sigma_x - \sigma_\theta}{3} \tag{4-28}$$

$$s_{\theta\theta} = \frac{2\sigma_\theta - \sigma_x}{3} \tag{4-29}$$

通过矩阵变换,可得到应力增量为

$$\begin{Bmatrix} \mathrm{d}\sigma_{xx} \\ \mathrm{d}\sigma_{\theta\theta} \end{Bmatrix} = \begin{bmatrix} \boldsymbol{C} \end{bmatrix}_{2\times2}^{-1} \begin{Bmatrix} \mathrm{d}\varepsilon_{xx} \\ \mathrm{d}\varepsilon_{\theta\theta} \end{Bmatrix} = \frac{1}{C_{11}C_{22} - C_{12}C_{21}}\begin{bmatrix} C_{22} & -C_{12} \\ -C_{21} & C_{11} \end{bmatrix}\begin{Bmatrix} \mathrm{d}\varepsilon_{xx} \\ \mathrm{d}\varepsilon_{\theta\theta} \end{Bmatrix} \tag{4-30}$$

按照上述思路在 MATLAB 计算软件中采用程序化的语言表示离散后的几何方程、本构关系和需要求解的非线性方程组。然后调用高斯法相关程序对圆环截面划分的积分单元进行求积计算,编写牛顿法的迭代过程求解非线性方程组。

在程序中将各偏导数表示为位移函数 w 和 v 对 θ 的导数的形式,进而可以根据总位能增量 $\dot{\varPi}$ 对假设为三角级数形式的位移函数的参数求偏导数,得到 $2N+2$ 个方程,对应 ε_x^0、$w_n(n=0,1,\cdots,N)$,$v_n(n=1,\cdots,N)$ 共 $2N+2$ 个未知数。

$$\frac{\partial\dot{\varPi}}{\partial v_n} = \int_0^{2\pi}\int_{-\frac{h}{2}}^{\frac{h}{2}}\left[(\sigma_x+\mathrm{d}\sigma_x)\frac{\partial\dot{\varepsilon}_{xx}}{\partial v_n} + (\sigma_\theta+\mathrm{d}\sigma_\theta)\frac{\partial\dot{\varepsilon}_{\theta\theta}}{\partial v_n}\right](R+z)\mathrm{d}z\mathrm{d}\theta + \hat{P}\frac{\partial(\Delta S)}{\partial v_n} = 0, n=1,\cdots,N \tag{4-31}$$

$$\frac{\partial\dot{\varPi}}{\partial w_n} = \int_0^{2\pi}\int_{-\frac{h}{2}}^{\frac{h}{2}}\left[(\sigma_x+\mathrm{d}\sigma_x)\frac{\partial\dot{\varepsilon}_{xx}}{\partial w_n} + (\sigma_\theta+\mathrm{d}\sigma_\theta)\frac{\partial\dot{\varepsilon}_{\theta\theta}}{\partial w_n}\right](R+z)\mathrm{d}z\mathrm{d}\theta + \hat{P}\frac{\partial(\Delta S)}{\partial w_n} = 0, n=0,1,\cdots,N \tag{4-32}$$

$$\frac{\partial\dot{\varPi}}{\partial\varepsilon_x^0} = \int_0^{2\pi}\int_{-\frac{h}{2}}^{\frac{h}{2}}\left[(\sigma_x+\mathrm{d}\sigma_x)\frac{\partial\dot{\varepsilon}_{xx}}{\partial\varepsilon_x^0} + (\sigma_\theta+\mathrm{d}\sigma_\theta)\frac{\partial\dot{\varepsilon}_{\theta\theta}}{\partial\varepsilon_x^0}\right](R+z)\mathrm{d}z\mathrm{d}\theta = 0 \tag{4-33}$$

理论方法求解流程框图如图 4-2 所示。当 $i=0$ 时,除了初始载荷外各项参数初始值均为 0,结构上不存在残余应变和残余应力。以弯矩－外压加载路径为例,为了得到弯矩作用下的管道承压能力,采用曲率(κ)－外压(P)的加载方式,即通过对管道施加曲率进而产生弯矩,在程序中先施加轴向曲率 κ 到预设值,再令外压从 0 开始逐步加载,在每次迭代中增大外压直到能量方程不再被满足,此时即认为管道已经压溃失效。

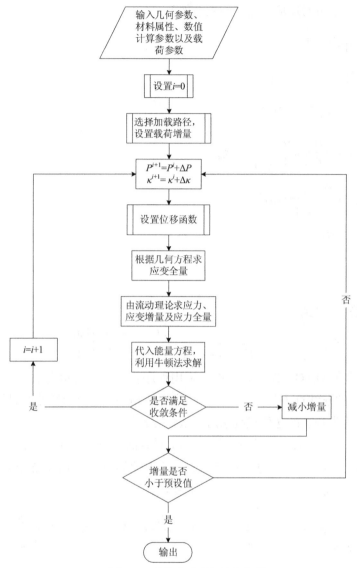

图4-2 理论方法求解流程框图

鉴于管道在弯矩和外压作用下变形情况的对称性,采用半圆截面作为分析对象,根据试算,位移级数和积分阶数并不是越大越好,可以在保证精度的情况下降低计算难度,其中位移级数 N 取 9,径向和环向高斯积分阶数分别取 5 和 32。位移级数中的未知参数用 20 行的列阵 X 表示,列阵中各参数的初始值设置为 0。将 X 代入能量方程,得到由各个方程组成的 20 行的列阵 F,并令方程依次对各个未知数求偏导数,形成 20 行 20 列的雅可比矩阵 J,从而可根据下式得到更新的列阵 X':

$$X' = X - J^{-1}F \qquad (4\text{-}34)$$

根据前一步的列阵与更新后的列阵在空间上的距离进行收敛性判断,即根据 $|X-X'|$ 的二范数是否小于预设的容许误差来判定结果是否满足收敛条件。若不符合收敛条件,则令 $X=X'$,继续迭代过程直到满足收敛或超出迭代步数为止。若超过一定迭代步数仍未达到收

敛,令 $i=i+1$,并将载荷控制增量减半,重新进行加载计算,直到载荷增量小于某一预设值,此时认为载荷达到极限状态,圆环结构已经压溃。输出管道压溃破坏时圆环截面构型及 von-Mises 应力分布如图 4-3 所示。可以看出,半圆环截面构型沿径向划分为 5 个单元,环向划分为 32 个单元。

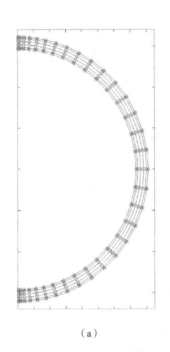

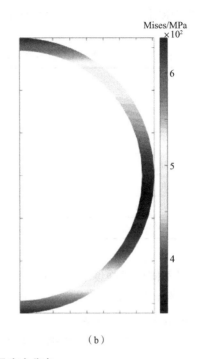

（a）　　　　　　　　　　　　　　　　　　　（b）

图 4-3　管截面计算构型及应力分布

（a）圆环截面构型　（b）von-Mises 应力分布

在管道缺陷截面不再满足能量方程时,输出截面各单元的应力分布情况,并对中心取矩得到半圆环截面的弯矩为

$$M = R\int_0^\pi \int_{-t/2}^{t/2} \sigma_x \zeta \mathrm{d}z \mathrm{d}\theta \tag{4-35}$$

4.2.4　理论模型计算结果

1. 纯压状态下的压溃压力计算结果

对于上述理论模型在 MATLAB 中的数值求解,考虑了含初始椭圆度的管道受外压和弯矩作用下的失效形式,可以控制初始载荷与载荷增量实现纯外压或纯弯矩的加载方式,也可以通过控制载荷增量的加载顺序实现复杂载荷下外压→弯矩及弯矩→外压等不同加载路径的模拟。其中,本节主要介绍单独载荷作用下的理论计算结果,对于复杂加载下的管道模型,将在第 5 章中结合数值仿真结果进行分析。

针对纯外压作用下的管道模型,在数值求解中令初始曲率 κ_0 和曲率增量 $\Delta\kappa$ 为 0,通过控制外压载荷增量 ΔP,不断增大外压载荷直到管道压溃,输出此时的压力大小即为压溃压力。

选择表 3-1 中的管道几何尺寸和材料属性,在理论方法中采用纯外压的加载方式,得到含初始缺陷的不同径厚比管道的压溃压力,同时根据 DNV 规范计算对应参数下的压溃压力结果,见表 4-1。可以看出,对于此材料属性下径厚比为 20~50 的管道模型,理论模型计算得到的压溃压力与 DNV 规范校核的结果较为吻合。

表 4-1　管道压溃压力理论计算与 DNV 规范校核结果

D/t	理论方法 /MPa	DNV 规范 /MPa	误差
20	21.56	19.24	10.7%
25	14.69	13.96	5.0%
30	10.35	10.02	3.2%
35	7.24	7.12	1.6%
40	4.99	5.11	2.4%
45	3.51	3.74	6.6%
50	2.64	2.81	6.4%

针对不同屈服强度下的管道模型,为了校核理论方法的准确性,选取常见的 API X65 钢材,其弹性模量 E 为 193 GPa,泊松比 μ 为 0.3,材料的屈服应力为 448 MPa,硬化参数 n 取 15,初始椭圆度为 0.5%。同样选择径厚比为 20~50 的管道模型,分析得到理论模型计算结果与 DNV 规范校核结果见表 4-2,两者的压溃压力大小基本一致,最大误差不超过 7%。

综合计算结果,可以得出以下结论:在考虑了轴向应变的基础上,非线性环理论模型可以准确计算不同几何尺寸与材料属性管道模型的压溃压力。

表 4-2　API X65 钢材压溃压力理论计算与 DNV 规范校核结果

D/t	理论计算 /MPa	DNV 规范 /MPa	误差
20	33.83	34.01	0.5%
25	20.53	21.06	2.6%
30	12.76	13.14	3.0%
35	8.65	8.58	0.8%
40	5.74	5.88	2.4%
45	4.00	4.19	4.8%
50	2.89	3.09	6.9%

2. 纯弯状态下的压溃压力计算结果

前面为了研究纯压状态下的管道失效形式,令初始曲率 κ_0 和曲率增量 $\Delta\kappa$ 均为 0。同理,如果要对纯弯状态下的管道进行研究,只需令初始曲率 κ_0 以及外压 P_0 和外压增量 ΔP

均为 0,利用曲率增量 $\Delta\kappa$ 在每步迭代计算中实现弯矩的加载,最后对轴向应力与中性轴距离的乘积进行积分,即可得到在曲率增加过程中的弯矩对应关系。参照第 3 章中计算纯弯状态下管道模型的几何和材料属性,得到管道在弯矩作用下承载能力随曲率的变化曲线如图 4-4 所示。

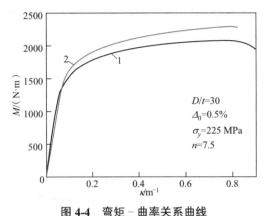

图 4-4　弯矩－曲率关系曲线
1—有限元计算结果;2—理论模型计算结果

可以看出:①理论方法得到的截面弯矩随曲率的变化趋势与有限元模型的计算结果基本相同,分为弹性阶段、弹塑性阶段和弯矩减小的大变形阶段;②有限元得到管道缺陷截面的极限弯矩为 2 076 N·m,通过 MATLAB 实现的数值求解结果为 2 292 N·m,误差为 9.4%。

在纯弯状态下的管道极限承载力计算中,不是采用直接控制弯矩的方法施加外载,而是通过控制曲率的方法施加弯矩载荷,即认为模型整体处于自由弯曲状态,管道整体曲率保持一致,各截面弯矩大小相同,从而运用面内应力积分的方法对弯矩进行求解。在管道弯曲变形进入塑性状态后,应变一直在增加,应力变化较为平缓,而管道截面仍在发生环形和径向的位移,使得相同点到中性轴的距离不断减小,所以出现了弯矩下降的情况。

4.3　弯矩－水压联合加载数值模拟

4.3.1　有限元模型

1. 不同加载路径下的管道模型

深海管道在弯矩和外压联合作用下的破坏形式与单独载荷作用下的情况不同,联合加载下管道的屈曲破坏形式是由外压起主导作用的极值型屈曲。为了对复杂加载下管道的失效形式、破坏机理和承载能力进行探究,在纯压和纯弯有限元模型的基础上进行拓展,得到弯矩和外压联合作用下的管道有限元模型。

由于弯矩载荷和外压载荷的对称性,出于简化计算以及对刚体位移限制的考虑,建立

1/4管道模型,采用表3-1中的管道几何尺寸和材料属性,并根据不同的加载路径设置相应的分析方法,施加对应的载荷条件。其中,外压载荷直接均匀施加在管道外表面,弯矩载荷采用与第3章相同的耦合方式,令参考点与端部截面耦合后通过施加转角位移进行加载,对称约束和 Y 方向的刚体约束条件从初始分析步(Initial)开始保持不变。最终,根据不同的加载路径选择不同的分析手段,从而完成管道有限元模型的建立,如图4.5所示。

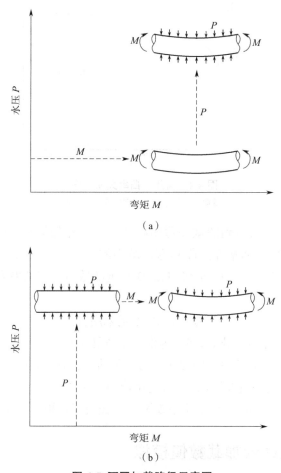

图 4-5 不同加载路径示意图
(a)弯矩→水压加载路径 (b)水压→弯矩加载路径

　　在弯曲(κ)→外压(P)的加载路径下,选择初始分析步,设置1/4模型的对称约束与刚体位移约束,在分析步1(Step1)中选择静力通用(Static,general)计算方法,采用控制转角位移的方法对管道施加一定的弯曲载荷达到预设值,管道在转角位移的作用下发生了弯曲变形,此时管道整体各部分曲率保持一致,记录管道达到的曲率 κ,然后保持弯曲载荷的稳定;在分析步2(Step2)中选择弧长法对管道施加均匀外压,管道在保持曲率不变的情况下,当外压达到一定数值时,在缺陷处会发生外压主导的局部屈曲现象,加载方式见表4-3。在ABAQUS中通过模型对称的方法得到完整管道模型的变形形式如图4-6所示。

表 4-3　设置加载方式

加载步	分析方法	步长	载荷加载
Initial	无	0	对称及刚体位移约束
Step1	静力通用法	0—1	沿 X 轴转动的位移载荷
Step2	弧长法	1	均匀分布的外部水压载荷

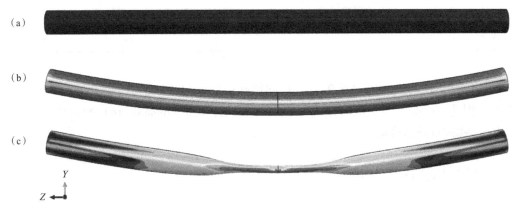

图 4-6　$\kappa \to P$ 加载路径下管道的变形形式

（a）管道的初始状态　（b）管道在弯曲载荷下的变形形式　（c）管道在 $\kappa \to P$ 加载路径下的最终破坏形式

同理，采用类似的分步加载方式对外压（P）→弯曲（κ）加载路径下的管道进行有限元分析，在初始计算步完成边界约束的设置后，在 Step1 中对管道外壁施加压力载荷达到预设值，在外压载荷达到稳定之后，在 Step2 中开始施加弯矩载荷，管道整体曲率逐渐增大并保持一致，在转角位移加载到一定数值后管道会在缺陷位置发生极值型破坏。此加载路径下管道的变形形式如图 4-7 所示。

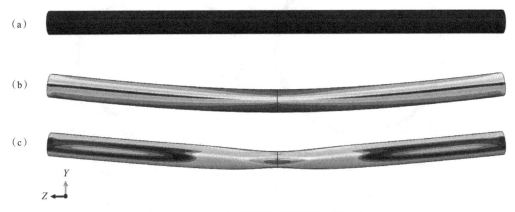

图 4-7　$P \to \kappa$ 加载路径下管道的破坏形式

（a）管道的初始状态　（b）承受外压的管道在弯矩作用后的变形状态　（c）管道在 $P \to \kappa$ 加载路径下的最终破坏形式

2. 网格收敛性检验

为了确保网格划分的合理性,考虑到复杂加载下管道的局部屈曲中起主导作用的是外压,选取弯曲→外压加载路径,对与截面耦合的参考点施加 0.25 m⁻¹ 的曲率载荷,计算不同网格数量的管道模型在弯矩作用下的压溃压力,出于对外压载荷的考虑,在厚度方向至少划分两个网格,并保证三维网格单元的最长边与最短边长度之比小于 5,计算结果见表 4-4。

表 4-4　网格收敛性检验

网格数	4 320	5 760	7 680	9 600	19 200
压溃压力 /MPa	5.84	5.68	5.6	5.58	5.56

可以看出,在网格数量达到 9 600 后,即使网格数量约增加了一倍,计算结果只变化了 0.38%。因此,在保证计算结果准确性的同时考虑到计算过程的高效,选择网格数量为 9 600 的划分形式进行计算分析。

4.3.2　数值模拟计算结果

1. 不同载荷下的管道变形形式

对于纯外压下的加载过程,随着载荷的增大,管道缺陷截面不断发生椭圆化变形,短轴减小,长轴增大,逐渐不再能保持椭圆形状,管道内壁接触后停止变形,即长轴最长、短轴最短时压溃过程结束。由于载荷的对称性,变形过程中缺陷截面始终保持上下、左右及中心对称,最终管道截面呈"哑铃状"。随着外压加载过程管道的变形过程如图 4-8 所示。

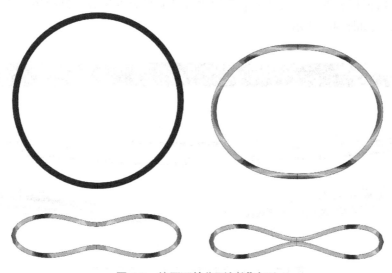

图 4-8　纯压下的"哑铃状"变形

在纯弯曲加载过程,管道截面逐渐扁化,不再具有中心对称性,而是在弯曲载荷的作用下,以中性轴为界,一端受拉应力、一端受压应力,而产生的上下非对称变形,如图 4-9 和图

4-10 所示。应力在弹性阶段呈线性,在塑性阶段截面各应力相差不大,直到管道截面发生明显变形,同时由于载荷的对称性变形截面可以保持左右对称。最终的压溃形式不是在管道内壁接触后立刻停止,而是继续发生变形直到管道被彻底压瘪。

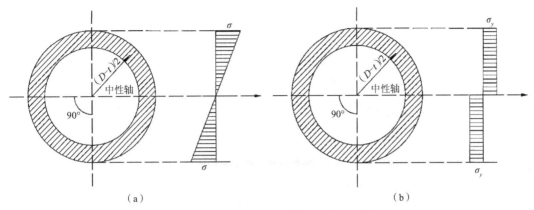

图 4-9 纯弯状态下管道截面的应力分布

（a）弹性阶段 （b）塑性阶段

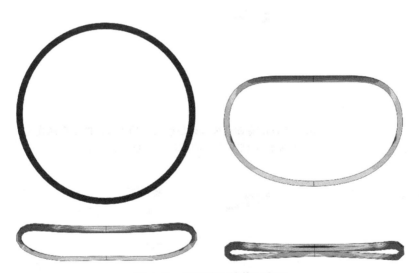

图 4-10 纯弯曲下的截面变形

对于弯压联合作用下的管道截面变形形式,截面变形在内壁接触后停止,截面保持左右对称,且是以外压为主导的压溃变形,截面的局部屈曲如图 4-11 所示。以弯曲→外压加载路径为例,对于径厚比为 30 的管道模型,通过对耦合点施加相反转角位移的方法,使管道发生不同方向的弯曲变形,得到的管道缺陷截面的变形形式如图 4-12 和图 4-13 所示。可以看出,在转角位移大小相同、方向相反的情况下,管道整体变形形式一致,弯曲的方向相反。对于管道的局部缺陷截面,受拉侧沿径向的变形更为明显,并在管道内壁接触部位和两端出现较大的应力集中。

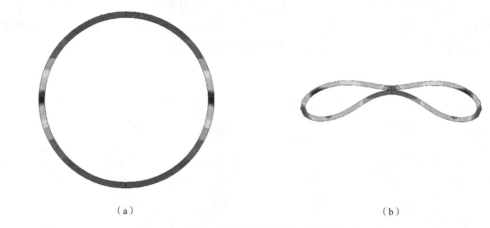

（a）　　　　　　　　　　　　　　（b）

图 4-11　外压→弯矩路径下的缺陷截面变形形式
（a）纯弯加载　（b）弯矩作用下管道的压溃形式

（a）　　　　　　　　　　　　　　（b）

图 4-12　沿 X 轴负方向的弯曲载荷和外压联合作用下管道的变形形式
（a）管道整体变形形式　（b）缺陷截面变形形式

（a）　　　　　　　　　　　　　　（b）

图 4-13　沿 X 轴正方向的弯曲载荷和外压联合作用下管道的变形形式
（a）管道整体变形形式　（b）缺陷截面变形形式

　　综上，无论是外压单独作用还是弯压联合作用下的管道，变形位移都是在管道上下和左右四个方向达到极值，选择位移追踪节点如图 4-14 所示。对于内径为 58 mm、含 0.5% 初始椭圆度的管道模型，计算纯外压加载和弯压联合加载下管道缺陷截面各点在压溃后的位移变化量，见表 4-5 和表 4-6。

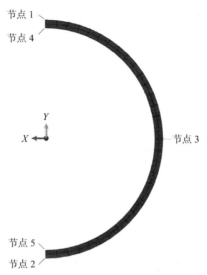

图 4-14　位移和应力追踪节点分布

表 4-5　纯外压加载各点位移量

节点编号	X 轴方向位移 /mm	Y 轴方向位移 /mm
1	0	−27.85
2	0	27.85
3	−12.38	0

表 4-6　弯压联合加载各点位移量

节点编号	X 轴方向位移 /mm	Y 轴方向位移 /mm
1	0	−19.44
2	0	36.33
3	−11.31	0

其中,弯曲载荷沿 X 轴负方向加载,位移的正负代表节点沿坐标轴正方向或负方向发生变形。对于纯外压条件下的哑铃状变形来说,节点 1 和 2 只发生 Y 轴方向的位移,大小相等且等于内半径,方向相反;在弯压联合条件下,截面轴向受拉侧位移较受压侧大 87%。

2. 应力状态分析

为了探究弯矩的存在对管道压溃的影响及弯压联合作用下管道出现非对称变形形式的原因,选择管道受压侧和受拉侧的节点单元进行分析,在曲率已经加载到预设值之后,再对管道进行外压加载。分别提取上下端节点随外压和弯矩加载过程中的应力变化情况,如图 4-15 至图 4-18 所示。其中,S11 为 X 轴方向应力,正负由 X 轴方向决定;S22 为 Y 轴方向应力,正负由 Y 轴方向决定;S33 为 Z 轴方向应力,拉应力为正,压应力为负;偏应力都为 0。又考虑到管道截面的约束条件及选取的分析节点位置,在管道发生较大程度的压溃变形前,各点的 S11 等同于柱坐标下的环向应力,S22 等同于径向应力;S33 等同于轴向应力。

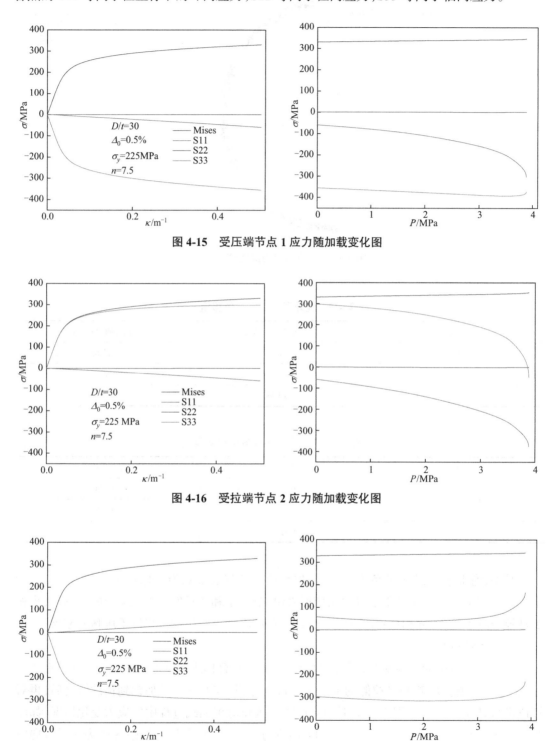

图 4-15 受压端节点 1 应力随加载变化图

图 4-16 受拉端节点 2 应力随加载变化图

图 4-17 受压端节点 4 应力随加载变化图

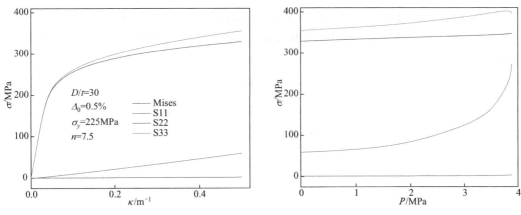

图 4-18　受拉端节点 5 应力随加载变化图

在面内应力的影响下,纯圆或含一定初始椭圆度的管道截面会产生一定的塑性应变并因此加大椭圆度。可以看出,在弯曲与外压联合加载作用下,管道截面的面内应力主要由环向应力提供,径向应力基本为 0。

在逐渐加载外压到管道的压溃过程中,受拉侧内外层的环向应力始终大于受压侧,在压溃瞬间,受拉侧外层节点的环向应力比受压侧外层节点大 24%,受拉侧内层节点的环向应力比受压侧内层节点大 65%,见表 4-7。因此管道会在弯曲载荷的作用下发生非对称变形,并且受拉侧变形要大于受压侧。

表 4-7　$\kappa \rightarrow P$ 路径下各点压溃瞬间环向应力

计算节点	受拉外侧	受压外侧	受拉内侧	受压内侧
环向应力绝对值 /MPa	374.8	303.2	272.7	165.7
环向应变	0.016 4	0.005 96	0.006 79	0.010 5

针对弯矩作用对于管道压溃压力的影响,从屈服准则的角度出发进行分析。以 von-Mises 屈服准则作为判别标准:

$$\sigma_s = \sqrt{\frac{1}{2}(\sigma_1 - \sigma_2)^2 + \frac{1}{2}(\sigma_1 - \sigma_3)^2 + \frac{1}{2}(\sigma_2 - \sigma_3)^2} \qquad (4-36)$$

管道在外压主导的压溃变形中,外壁受压、内壁受拉。虽然外侧节点在载荷加载到压溃压力时,会产生压应力使轴力下降,但 von-Mises 应力始终随着外载的增大而增大,因此可以说弯曲载荷对管道的抗压能力有削弱作用。

4.3.3　理论方法与数值仿真结果对比

1. 外压加载下的计算结果

纯外压工况下,在求解理论模型的 MATLAB 程序中设置相应的外压载荷增量,并保持曲率载荷始终为 0,输出管道压溃瞬间的应力分布情况,并与有限元模型计算结果进行对比,如图 4-19 所示。可以看出,纯外压下理论解和有限元解的应力分布情况基本一致,在管道截面的长轴和短轴处出现应力集中,并且在压溃瞬间,管道短轴处外壁受轴向压缩作用,内壁受轴向拉伸作用。

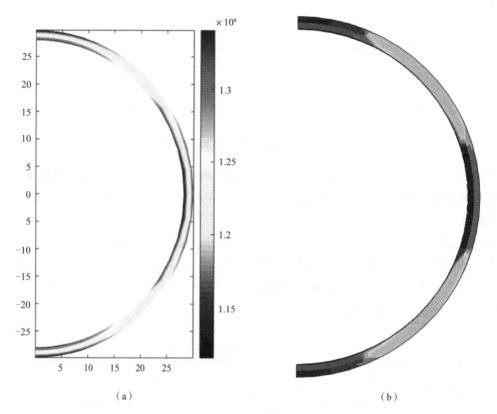

（a） （b）

图 4-19 纯压作用下压溃瞬间管道截面的 von-Mises 应力分布情况
（a）理论模型 （b）有限元模型

同时,在理论模型和有限元模型中分别计算不同径厚比的管道模型在纯外压作用下的压溃压力,如表 4-8 和图 4-20 所示。可以看出,在径厚比为 20~50 时,理论模型与有限元模型得到的压溃压力计算结果较为吻合,相差不超过 7%。

表 4-8 不同径厚比下有限元模型和理论模型压溃压力计算结果

D/t	有限元结果 /MPa	理论解 /MPa	误差
20	19.98	18.62	6.81%
22	15.52	15.65	0.84%
25	12.16	12.07	0.74%
30	8.3	8.44	1.69%
40	4.14	4.39	6.04%
50	2.275	2.39	5.05%

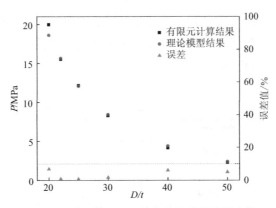

图 4-20　纯压作用下理论和有限元压溃压力解

2. 外压→曲率路径下的计算结果

在外压(P)→曲率(κ)路径下分别用理论模型和有限元模型对管道的极限承载能力进行计算，如图 4-21 所示。可以看出，两种模型的截面应力分布基本相同，管道模型各离散单元的 von-Mises 应力随着距中性轴的距离增大而增大。

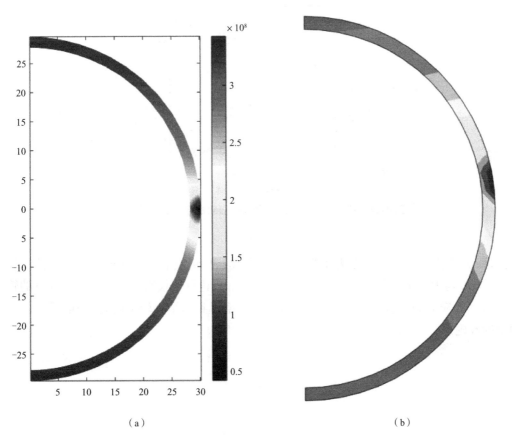

（a）　　　　　　　　　　　　（b）

图 4-21　$P \to \kappa$ 路径下压溃瞬间管道截面的 von-Mises 应力分布情况

（a）理论模型　（b）有限元模型

得到不同外压作用下的管道极限曲率计算结果如表 4-9 和图 4-22 所示,两种方法结果相差较小。虽然在此加载路径中以管道的弯曲程度作为承载能力的判别标准,但最终的破坏形式仍是在外压主导下的屈曲破坏。

表 4-9　不同外压下有限元和理论极限曲率计算结果

P/MPa	有限元结果 /m^{-1}	理论解 /m^{-1}	误差
5.58	0.097	0.094	2.76%
4.88	0.128	0.121	5.10%
4.38	0.154	0.169	9.62%
3.88	0.184	0.187	1.54%
3.44	0.217	0.207	4.46%
3.1	0.246	0.222	9.69%
2.3	0.339	0.361	6.44%

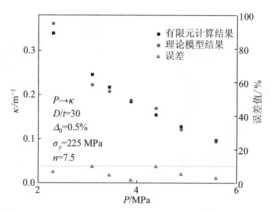

图 4-22　不同外压下有限元和理论极限曲率计算结果

3. 曲率→外压路径下的计算结果

同理,分别使用两种计算方法在曲率(κ)→外压(P)路径下得到管道应力分布情况如图 4-23 所示,与 $P \rightarrow \kappa$ 路径下得到的结果基本相符。理论计算模型得到的外压主导下的管道压溃瞬间的应力分布状态与 ABAQUS 有限元模型得到的结果较为吻合,证明了理论计算模型的准确性。

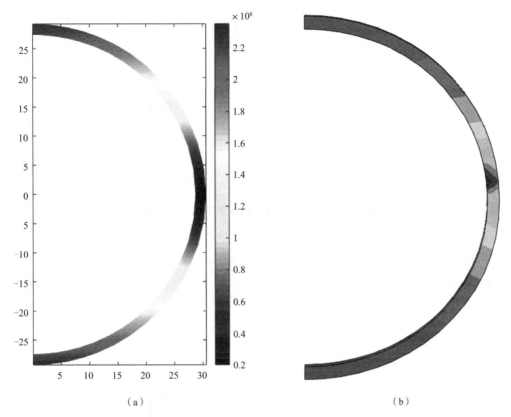

（a）　　　　　　　　　　　　　　（b）

图 4-23　$\kappa \rightarrow P$ 路径下压溃瞬间管道截面的 von-Mises 应力分布情况

（a）理论模型　（b）有限元模型

　　为了进一步探究理论方法对复杂加载情况下管道极限载荷的求解准确性,在 $\kappa \rightarrow P$ 路径下,选择不同曲率进行加载,两种方法计算得到管道压溃压力如表 4-10 和图 4-24 所示。

表 4-10　不同曲率下有限元和理论压溃压力计算结果

κ / m^{-1}	有限元结果 /MPa	理论解 /MPa	误差
0	8.30	8.44	1.69%
0.167	6.38	6.90	8.15%
0.25	5.58	6.28	12.54%
0.33	4.88	5.40	10.66%
0.417	4.38	4.19	4.34%
0.5	3.88	3.43	11.60%

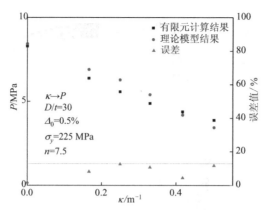

图4-24　$\kappa \rightarrow P$ 路径下理论和有限元压溃压力解

4. 不同加载路径的结果对比

对于弯矩和外压联合作用下的管道模型,在不同加载路径下得到的管道承载能力不同,有限元模型和理论模型的计算结果如图4-25所示。

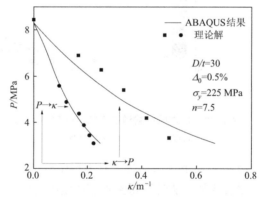

图4-25　不同加载路径下理论和有限元管道模型计算结果

结果表明:①无论在何种加载路径下,理论模型与有限元模型对于管道极限承载力的计算结果相差较小,证明此理论模型及采用的数值求解方法对管道模型的适用性;②两种加载路径下管道的破坏形式均是以外压为主导的压溃破坏,弯曲载荷对管道影响主要体现在对承压能力的削弱上;③以压溃压力为判别标准,$P \rightarrow \kappa$ 加载路径较为危险,在相同的曲率下,此路径下管道达到压溃破坏时所需外压载荷较小。

为了探究不同加载路径下管道承载能力变化的原因,运用有限元计算方法对管道模型在 Step1 中施加一定的外压 P_1,在加载外压达到预设值后,在 Step2 对管道施加转角载荷直至破坏,记录管道破坏时的曲率为 κ,得到管道缺陷截面压溃瞬间的截面椭圆度为 Δ_1。然后,为了探究不同加载路径下的管道屈曲状态,建立 $\kappa \rightarrow P$ 路径下的管道模型,在 Step1 中对管道施加 $P \rightarrow \kappa$ 路径下管道破坏时的曲率 κ,在管道弯曲达到曲率 κ 后,在 Step2 中对模型施加外压载荷直至破坏,记录管道在弯曲作用下的压溃压力为 P_2,管道缺陷截面压溃瞬间的截面椭圆度为 Δ_2。具体分析流程如图4-26所示,不同加载路径下的计算结果如图4-27所示。

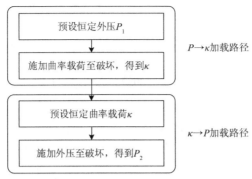

图 4-26　计算不同加载路径下管道承载能力流程

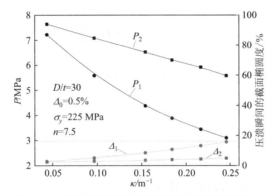

图 4-27　管道压溃瞬间的截面椭圆度和压溃压力

通过计算不同加载路径下管道在压溃时刻缺陷截面的椭圆度可以看出，管道在弯曲载荷作用达到相同的曲率时，$P \to \kappa$ 加载路径下的管道在压溃瞬间的截面椭圆度较大，因此压溃瞬间椭圆度的不同是产生危险加载路径的原因，并且在复杂加载中，随着曲率的增大，不同加载路径下所产生压溃瞬间的椭圆度差距越大。

4.4　敏感性分析

以表 3-1 所示的管道几何尺寸及材料属性为基础，分别改变管道的椭圆度、径厚比、材料属性等参数，运用 Python 语句对管道几何尺寸进行修改，从而进行管道相关系数的敏感性分析。

弯矩和外压的复杂加载为极值型屈曲形式，并且曲率对于管道强度的影响最终也会反映到压溃压力上，因此选取 $\kappa \to P$ 路径作为敏感性分析的载荷加载路径，记录不同敏感性参数下和不同曲率作用下管道模型的承压能力。同时，为了进一步探究各因素对管道承载能力的影响情况，选择极限曲率 $\kappa_0 = t / (D - t)^2$ 以及数值仿真计算得出纯外压受力下的管道压溃压力 P_c 作为无量纲化处理的参数。

4.4.1 椭圆度

计算不同初始椭圆度、不同曲率作用下的管道承压能力,如图 4-28 所示。

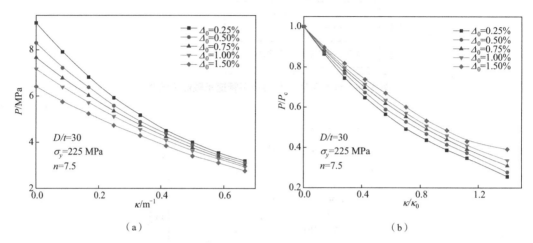

图 4-28 不同初始椭圆度、不同曲率作用下管道的承压能力
(a)管道承压能力 (b)无量纲化处理结果

从图中可以看出:①在相同的曲率作用下,随着初始椭圆度的增大,管道在弯曲作用下的承压能力逐渐降低;②随着曲率的增大,初始椭圆度对压溃压力的影响程度逐渐降低,以椭圆度为 0.25% 和 1.5% 的管道为例,在承受 0.083 m⁻¹ 曲率作用下两者的压溃压力相差 25%,而在曲率为 0.67 m⁻¹ 时该差值减小到 16%。

在图 4-28(b)中,横坐标为无量纲化的曲率,纵坐标为无量纲化的压溃压力。可以看出,在相同的横坐标值下,随着椭圆度的增大,压溃压力反而会上升。这条结论与纯外压作用时相反,这是由于弯曲对压溃压力影响的一部分来源于椭圆度,在无量纲化后,椭圆度对复杂载荷的影响则会降低。

4.4.2 径厚比

对径厚比为 20~40 的管道模型进行有限元模拟,得到一定曲率作用下管道的压溃压力,如图 4-9 所示。从图中可以看出:①在相同的曲率作用下,随着径厚比的增大,压溃压力随之减小;②对压溃压力和曲率进行无量纲化处理后,发现径厚比对管道的承载性能几乎无影响,说明进行无量纲化处理的参数很好地涵盖了径厚比这项敏感性因素。

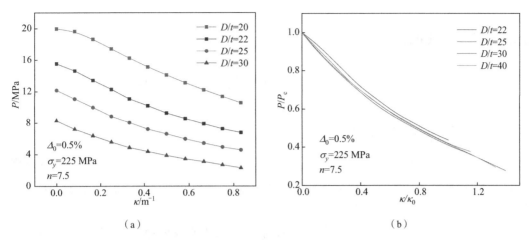

图 4-29 不同径厚比、不同曲率作用下管道的承压能力

（a）管道承压能力 （b）无量纲化处理结果

4.4.3 材料属性

控制管道的几何属性不变，对 Ramberg-Osgood 模型拟合所采用的名义屈服应力 σ_y 进行修改，分别计算 225 MPa、300 MPa 和 375 MPa 的材料属性下管道的极限承载能力，得到的结果如图 4-30 所示。从图中可以看出：①管道的抗压和抗弯能力随着材料强度的增大而增强；②对加载曲率和外压载荷进行无量纲化处理后，名义屈服应力的变化对管道的承载能力几乎无影响，说明无量纲化处理后的参数也很好地涵盖了屈服强度这项敏感性因素。

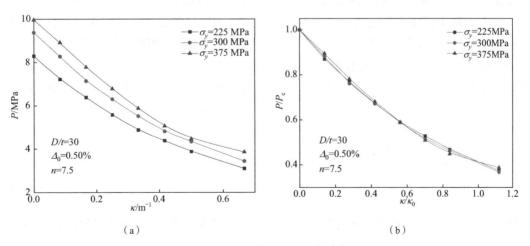

图 4-30 不同屈服强度、不同曲率作用下管道的承压能力

（a）管道承压能力 （b）无量纲化处理结果

4.4.4 经验公式拟合

在 DNV 规范中,承受外压和弯矩联合作用的管件需要满足的标准如下:

$$\left(\gamma_m \gamma_{SC} \frac{|M|}{\alpha_c M_p}\right)^2 + \left(\gamma_m \gamma_{SC} \frac{P}{P_c}\right)^2 \leqslant 1 \tag{4-37}$$

$$M_p = \sigma_y (D-t)^2 t \tag{4-38}$$

式中:γ_m 为材料阻力系数;γ_{SC} 为安全等级阻力系数;α_c 为与材料和径厚比相关的系数;M_p 为管道截面的塑性极限弯矩。

假设管道的环形截面受纯弯矩作用,中性轴与管道中心线重合,受拉和受压部分均达到管道材料的屈服强度 σ_y,可得塑性极限弯矩 M_p 计算公式:

$$M_p = 2\left(\int_0^{\frac{\pi}{2}} \frac{1}{4}(D-t)^2 \cos\theta t \sigma_y \mathrm{d}\theta + \int_{\frac{\pi}{2}}^{\pi} \frac{1}{4}(D-t)^2 \cos\theta t \sigma_y \mathrm{d}\theta\right)$$

$$= \sigma_y (D-t)^2 t \tag{4-39}$$

根据 DNV 现行规范对复杂载荷作用下管道的极限承载力计算公式,可以发现目前 DNV 规范中针对弯压载荷联合作用下的相关系数的选取比较复杂,在进行校核计算时并未提及不同加载路径对海底管道压溃压力的影响,而且现行规范的计算结果重点在于弯矩的计算,不能对更直观的管道轴向曲率进行计算。本节根据数值模拟结果,选择曲率作为加载条件,又由于复杂载荷作用下管道会发生外压主导的压溃破坏,因此根据管道铺设作业过程中的受力情况,对 $\kappa \to P$ 加载路径提出经验公式,作为对 DNV 规范校核计算的补充公式。

利用有限元模型参数化建模的方法,通过 ABAQUS 软件进行大量重要参数的敏感性分析,完成包括管道直径、管道壁厚、材料屈服强度、初始椭圆度缺陷和曲率等影响因素的分析,得到 $\kappa \to P$ 加载路径下经验公式的数据基础。根据管道模型中几何尺寸、材料参数以及曲率载荷对海底管道压溃压力的影响,同时考虑前面的无量纲化计算结果,确定经验公式的基本形式如下:

$$a_1 \left(\frac{\kappa}{\kappa_0}\right)^{a_2} + a_3 \Delta_0^{a_4} \left(\frac{P_{co}}{P_c}\right)^{a_5} = 1 \tag{4-40}$$

$$\kappa_0 = \frac{t}{(D-t)^2} \tag{4-41}$$

式中:$a_1 \sim a_5$ 为参数;κ 为有限元计算时施加的管道的轴向曲率;κ_0 为理论计算的极限曲率;P_{co} 为管道有限元计算得到的复杂加载下管道的压溃压力。

利用 LM 算法,计算得到的各参数取值见表 4-11,最终确定的海底管道在 $\kappa \to P$ 加载路径下的经验公式为式(4-42),其相关系数为 0.989,拟合结果很好。

表 4-11　$\kappa \rightarrow P$ 加载路径下管道压溃压力经验公式参数值

参数	a_1	a_2	a_3	a_4	a_5
取值	0.25	0.90	0.87	−0.034	0.16

$$0.25\left(\frac{\kappa}{\kappa_0}\right)^{0.9} + 0.87\Delta_0^{-0.034}\left(\frac{P_{\mathrm{co}}}{P_{\mathrm{c}}}\right)^{0.16} = 1 \qquad (4\text{-}42)$$

式中：$0.05\kappa_0 < \kappa < 0.9\kappa_0$，$20 \leqslant D/t \leqslant 50$。

第5章 扭矩－水压危险加载路径

海底管道的压溃压力体现的是其抗压承载力，而管道局部缺陷或损伤以及复杂载荷的作用，都会对管道的抗压承载力产生影响。管道在海底服役前的加工和铺管过程，都可能会受到不同程度扭矩的作用，管道扭转变形如图 5-1 所示。

图 5-1 管道扭转变形

管道在服役前后的受力过程会经历两个阶段：第一个阶段是服役前受到的扭矩作用的扭转变形阶段；第二个阶段是服役中受到外部水压的压溃变形阶段。在 ABAQUS 有限元仿真中，应模拟管道在这两个阶段的受力情况，设置两个分析步，分别对管道施加扭矩和水压。同时，还应考虑管道在海底服役过程中，受到海底环境载荷产生的扭矩作用下的抗压承载力，即管道同时受到扭矩和外压作用，这种加载过程在 ABAQUS 建模中也应有所体现。

5.1 管道压溃试验

5.1.1 试验过程

海底管道在扭矩和水压联合作用下的压溃试验与第 4 章描述的试验过程大致相同，主要包括试验管件切割、定位画线、标记打磨、测量几何尺寸和材料参数、粘贴应变片、启动试验载荷加载系统等，该管道试验的主要区别是扭矩载荷的施加，因此对扭矩载荷的施加做进一步说明。

在轴力和扭矩加载的位置设计了一套连接工装，即径向曲柄机构，该曲柄机构的连接杆由液压油缸带动，做旋转施加扭力的动作，该工装的原理如图 5-2 所示。

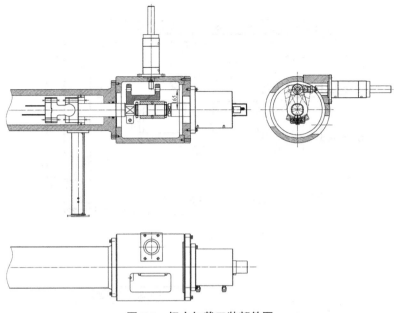

图 5-2　扭力加载工装部件图

　　扭力的施加是依靠深海压力舱右端的液压缸和扭力装置联合完成的,其中液压缸提供竖向的推力,推动扭力装置实现要求角度的扭转,扭力装置与管道通过螺栓连接为一体,将扭转传递至管件实现扭矩的施加。数据采集系统可以实时同步采集液压缸提供的推力以及管件扭转的角度,从而可以得到扭矩大小和扭转角度。该扭矩施加装置可提供最大 5 000 N·m 的旋转扭矩,最大旋转角度为 ±22.5°。

　　扭力加载工装的曲柄进行安装时需要 45° 安装(图 5-3),然后将扭力加载油缸的关节轴承与曲柄的销轴连上(图 5-4)。用螺母连接套将试件轴向与拉力油缸活塞杆连接在一起(图 5-5),轴力工装的安装是保证管件在施加水压后不发生轴向的移动,起到轴向固定的作用。

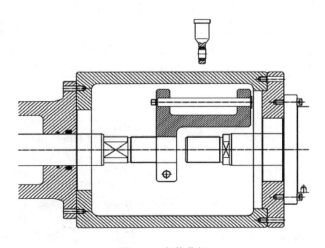

图 5-3　安装曲柄

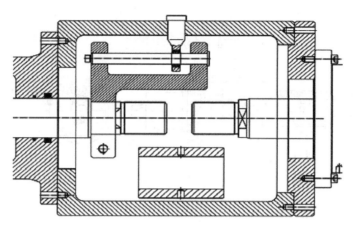

图 5-4　油缸曲柄对接安装

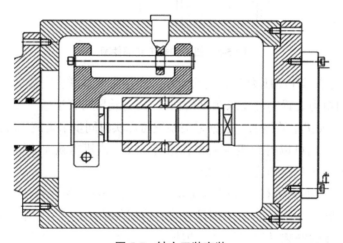

图 5-5　轴力工装安装

　　扭力加载工装连接完成后,即可进入数据采集系统进行试验载荷的施加与记录。扭力控制界面如图 5-6 所示,位移设定是通过施加实际角度来完成的,位移的速度设定是按照固定的位移速度来执行的。位移清零是当扭力工装与曲柄连杆连接完毕后,进行扭力油缸位移清零操作,即为初始原位,然后进行正反扭矩加载。按照既定设计,可以在监控画面看到数据的显示,如图 5-7 所示。

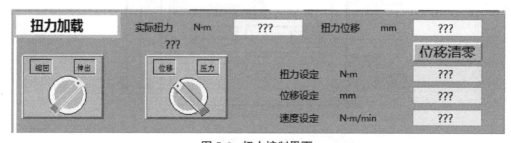

图 5-6　扭力控制界面

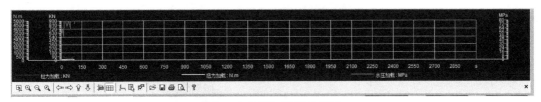

图 5-7　数据记录显示界面

5.1.2　试验结果

本章共开展全尺寸管道试验 4 组,缩比尺管道试验 6 组,汇总结果见表 5-1。

表 5-1　试验结果汇总

编号	直径 D/mm	壁厚 t/mm	径厚比 D/t	椭圆度 Δ_0	扭矩 MT /(kN·m)	实验结果 P_{co} /MPa
1	325.00	20.00	16.25	1.00%	300.00	38.56
2	325.00	20.00	16.25	1.00%	500.00	37.83
3	325.00	20.00	16.25	1.00%	600.00	38.42
4	325.00	20.00	16.25	1.00%	700.00	39.12
5	60.00	3.00	20.00	0.50%	2.00	19.33
6	60.00	3.00	20.00	0.50%	3.00	21.06
7	76.00	4.26	17.84	0.50%	2.50	26.17
8	76.00	4.26	17.84	0.50%	5.00	26.25
9	51.00	3.00	17.00	0.50%	1.20	35.28
10	51.00	3.00	17.00	0.50%	2.00	35.84

从试验结果可以发现,扭矩载荷对管道压溃压力的影响较小,并不呈现一定幅度的显著降低或增强。

5.2　有限元模型

5.2.1　管道建模基本参数

对于受到扭矩和水压联合作用的管道而言,管道并不能保持轴对称的结构,而会发生一定程度的扭曲变形,这种变形在通常情况下是不对称的。对于 ABAQUS 有限元建模,首先需要考虑的就是管道变形的不对称性。不对称性会造成模型的边界约束情况产生变化。因此,在有限元建模中,选择建立管道的全圆模型,可以更好地模拟真实情况下管道的屈曲失效过程。虽然这会在一定程度上造成计算时间的增加、计算负担的增大,不过通过合理划分网格和控制载荷步数,可以在很大程度上克服这个问题。管道全圆模型如图 5-8 所示。

图 5-8　管道全圆模型

模型具有沿管道轴向的一致椭圆度,设置为沿 Y 轴压溃。椭圆度计算公式为

$$\Delta = \frac{D_{\max} - D_{\min}}{D_{\max} + D_{\min}} \quad\quad (5\text{-}1)$$

利用工程中得到广泛应用的 Ramberg-Osgood 本构方程拟合得到管道材料的塑性应力 - 应变曲线。

Ramberg-Osgood 方程的原型为

$$\varepsilon = \frac{\sigma}{E} + K\left(\frac{\sigma}{E}\right)^{n} \quad\quad (5\text{-}2)$$

式中:ε 为应变;σ 为应力;K 为强度系数;n 为应变硬化指数;E 为材料的杨氏模量。

引入关于材料屈服应力 σ_y 的参数 α,且有

$$\alpha = K\left(\frac{\sigma_y}{E}\right)^{n-1} \quad\quad (5\text{-}3)$$

可以得到应力 - 应变关系表达式为

$$\varepsilon = \frac{\sigma}{E}\left(1 + \alpha\left(\frac{\sigma}{\sigma_y}\right)^{n-1}\right) \quad\quad (5\text{-}4)$$

5.2.2　弧长法

为真实模拟管道在室内全尺寸压力舱中的准静态加载,选用 ABAQUS 中的弧长法进行计算。弧长法属于双重目标控制方法,即在求解过程中同时控制荷载因子和位移增量的步长。其基本的控制方程为

$$\{\Delta\delta\}^{\mathrm{T}}\{\Delta\delta\} + \Delta\lambda^2\varphi^2\{P\}^{\mathrm{T}}\{P\} = \Delta l^2 \quad\quad (5\text{-}5)$$

式中:$\Delta\lambda$ 为荷载因子增量数值;φ 为荷载比例系数,用于控制弧长法中荷载因子增量所占的

比重；Δl 为固定的半径。

在求解过程中，荷载因子增量 $\Delta \lambda$ 在迭代中是变化的，下列非线性静力平衡的迭代求解公式中存在 n 个未知数，即

$$\left[K\left(\delta_i^j \right) \right] \left\{ \delta\delta_{i+1}^j \right\} = \lambda_{i+1}^j \{ P \} - \left\{ F\left(\delta_i^j \right) \right\} , \; i = 0, 1, 2, \cdots, n \tag{5-6}$$

这样，在弧长法中一共存在 $n+1$ 个未知数，根据约束方程

$$\{ \Delta\delta \}^{\mathrm{T}} \{ \Delta\delta \} + \Delta\lambda^2 \psi^2 \{ P \}^{\mathrm{T}} \{ P \} = \Delta l^2 \tag{5-7}$$

即为附加的控制方程，问题才能得到解答，此时可以根据 ψ 值的取值分为两种弧长法，$\psi \neq 0$ 时的弧长法称为球面弧长法，$\psi = 0$ 时的弧长法称为柱面弧长法。

上述弧长法的求解过程，需要求解一元二次方程，计算量大。因此，为简化计算，提出了另一种控制方程，即用垂直于迭代向量的平面代替圆弧，把弧长不变的条件改为向量 r_i^j 与向量 $\Delta \boldsymbol{u}_{i+1}^j$ 始终保持正交，即满足下列控制方程：

$$r_i^j \cdot \Delta \boldsymbol{u}_{i+1}^j = 0 , \; i = 1, 2, 3, \cdots, n \tag{5-8}$$

写成矩阵形式为

$$\{ \Delta\delta_i^j \}^{\mathrm{T}} \cdot \{ \delta\delta_{i+1} \} + \delta\lambda_{i+1}^j \cdot \Delta\lambda_i^j \cdot \{ P \}^{\mathrm{T}} \{ P \} = 0 \tag{5-9}$$

与前面的解法相同，可求解上述一元二次方程得

$$\delta\lambda_{i+1}^j = - \frac{ \{ \Delta\delta_i^j \}^{\mathrm{T}} \cdot \{ \delta\delta^{\mathrm{g}} \}_{i+1}^j }{ \{ \Delta\delta_i^j \}^{\mathrm{T}} \cdot \{ \delta\delta^{\mathrm{p}} \}_{i+1}^j + \Delta\lambda_i^j \cdot \{ P \}^{\mathrm{T}} \{ P \} } \tag{5-10}$$

弧长法的求解步骤如下。

（1）对于第 1 个增量步（ $j = 1$ ）第 1 次迭代（ $i = 1$ ）分析，选定参考荷载 $\{ P \}$ ，即确定了初始弧长增量 Δl 。

（2）输入期望迭代次数 n_0 ，如果采用球面弧长法，则输入荷载参与比例系数 ψ 。

（3）存储结构初始切线刚度。

（4）在第 j 次增量步分析中，迭代流程如下。

①求解出 $\left\{ \Delta\delta_1^j \right\}$ 。

②记录迭代次数 $n^j = 1$ ，对结构刚度矩阵进行三角分解或计算"当前刚度系数"以判别矩阵是否正定。

③更新结构的变形向量 $\left\{ \delta_i^j \right\}$ ，计算结构的恢复力向量 $\{ F(\delta_i^j) \}$ 和非平衡力向量 $\{ \psi(\delta_i^j) \}$ 。

④如果采用切线刚度迭代技术，则要根据当前结构的变形向量更新结构刚度矩阵；如果采用初始刚度迭代技术，则只需在每次增量分析中的初始迭代中根据上一次增量结束时的结构位移向量来更新结构刚度即可，在增量步中不用更新。

⑤计算 $\{ \delta\delta^{\mathrm{g}} \}_{i+1}^j$ 和 $\{ \delta\delta^{\mathrm{p}} \}_{i+1}^j$ ，若采用初始刚度迭代技术，$\{ \delta\delta^{\mathrm{p}} \}_{i+1}^j$ 在整个增量步迭代中为定值，不必重复计算。

⑥求解荷载因子增量 $\delta\lambda_{i+1}^j$ 。

⑦计算$\left\{\delta\delta_{i+1}^{j}\right\}$，更新当前的荷载水平$\lambda_{i+1}^{j}$和位移向量$\left\{\delta_{i+1}^{j}\right\}$。

⑧收敛性判别。如果满足收敛准则，则终止当前增量步下的迭代进程，记录迭代次数$n^{j} \Leftarrow n^{j}+1$进入步骤⑨；如果不满足收敛准则，则需要继续迭代，记录迭代次数$n^{j} \Leftarrow n^{j}+1$，令$i \Leftarrow i+1$，重复步骤④至⑧。

⑨判别当前荷载水平是否达到期望值或超过一定的增量步数。如是，则分析结束，输出数据；如不是，则令$j \Leftarrow j+1$，更新结构切线刚度矩阵，计算当前增量步中的弧长增量Δl^{j}，返回步骤①。

5.2.3 建模步骤

管道可能在服役前或服役中受到扭矩作用。管道在服役前受到扭矩作用产生扭转变形，在海底服役中受到外部水压作用的加载路径，可称为$M_{\mathrm{T}} \rightarrow P$路径。

管道在海底服役过程中，同时受到外部水压和深水环境载荷造成的扭矩，这种路径的加载过程，可称为$P \rightarrow M_{\mathrm{T}}$加载路径。

对于$M_{\mathrm{T}} \rightarrow P$加载过程的管道模型，建模方式如下。

1. 部件建模

先建立如图5-9（a）所示的半椭圆管道，再通过ABAQUS提供的镜像功能，将1/2模型镜像为管道全圆模型，以便进行模型的网格划分，如图5-9（b）所示。

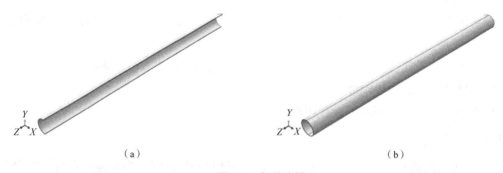

（a）   （b）

图5-9　部件建模

（a）管道1/2模型　（b）管道全圆模型

2. 装配

在装配里，将管道模型进行装配。

在管道模型的建模中，参考点（Reference Point）的设定非常重要。因为需要使参考点与管道模型相耦合，以实现通过参考点对管道整体模型施加扭矩的目的。

参考点可以设置在模型的任何位置，但考虑到模型的计算精确性要求，为避免一些可能产生的误差和错误，参考点应设置在欲施加扭矩的端面的平面上，以便能更好地对与其耦合的端面进行控制和加载，建立参考点RP-1，坐标为（0,0,0），即端面的中点，如图5-10所示。

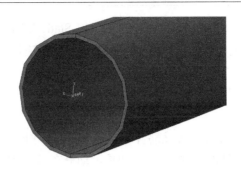

图 5-10　参考点的设置

3. 分析步

对于 $M_T \rightarrow P$ 加载过程,需要设置两个分析步。

第一个分析步 STEP-1,选择静力通用(Static General)。在分析步设置中,将几何大变形选项设置为 ON,初始增量步和最小增量步应设置得尽量小,总增量步数则应适当选择较大值,如图 5-11 所示。第一个分析步实现的力学功能是对管道进行扭矩的准静态加载,模拟管道在海底服役前受到扭矩的应力、应变情况。

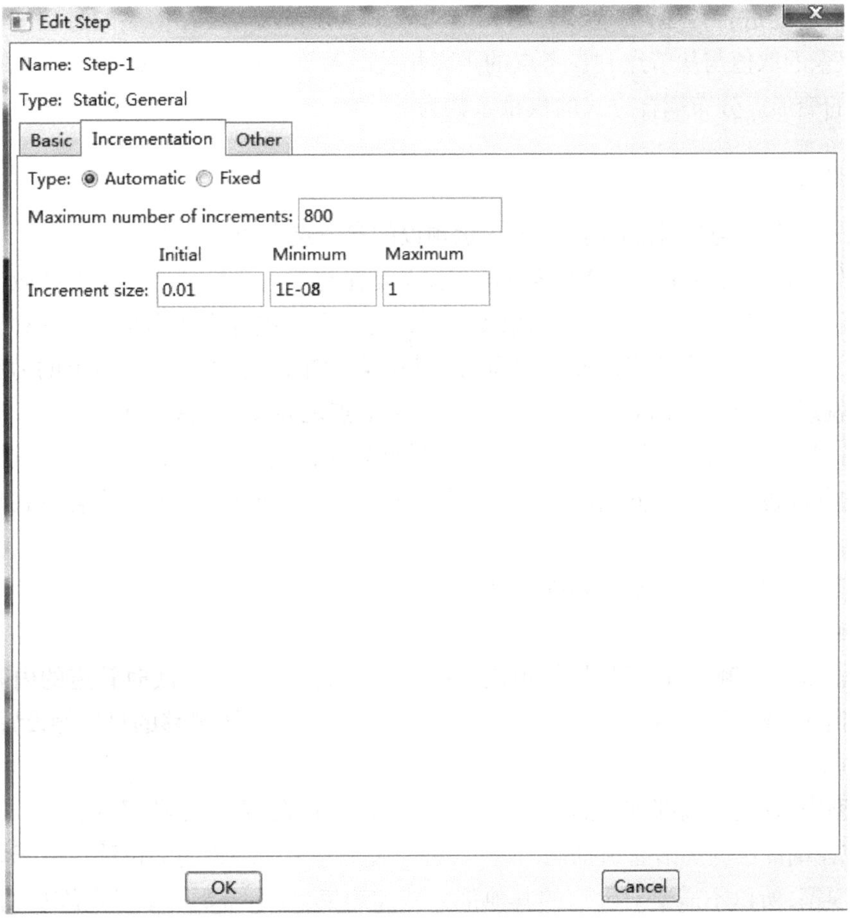

图 5-11　增量步设置

第二个分析步 STEP-2,选择静态弧长法(Static Riks)。同样地,在分析步设置中,将几何大变形选项设置为 ON,初始增量步和最小增量步应设置得尽量小,总增量步数则应适当选择较大值。第二个分析步实现的力学功能是对管道进行外部水压的准静态加载,模拟管道在海底服役中受到外部水压作用下的应力、应变情况。

4. 相互作用

在 ABAQUS 中,需要通过耦合参考点与端面,才能实现对端面施加扭矩的目的。ABAQUS 中提供了三种耦合方式:第一种是运动分布,第二种是连续分布,第三种是结构分布。它们都是通过参考点,实现对节点区域或表面的控制,限制其自由度和位移。通过参考点耦合的设置,可以使施加载荷的传递更加准确和简便。对于扭矩而言,由于 ABAQUS 软件的限制,实体单元并不存在转动自由度。因此,设置耦合就是必经之路,通过将实体单元与预设的参考点相耦合,就可以实现将扭矩加载到实体单元,并使实体单元产生相应的转动的目的。

这三种耦合方式中,运动分布耦合方式的传递方式是将参考点的自由度直接、刚性地传递到从节点上,这种传递是相对的,不存在参考点与从节点之间的差异,因此从节点没有相对位移;连续分布耦合方式、结构分布耦合方式与运动分布耦合方式起到的作用是一致的,都可以对自由度进行传递,但连续分布和结构分布耦合方式需要在传递的过程中考虑权重的影响,权重的取值与从节点到参考点的距离相关。各从节点的自由度未必相同,这会导致整个结构的变形。分布耦合方式的权重系数为

$$\omega_i = 1 - \frac{r_i}{r_0} \quad\quad\quad (5\text{-}11)$$

式中:r_i 表示从节点与参考点的距离;r_0 表示预设的参考点半径。

运动分布耦合方式不受权重因素的影响,而是在与参考点相耦合的节点区域或表面的各节点上建立与参考点之间的运动约束关系。而连续分布耦合方式则是建立一种受权重影响的约束关系,使作用在节点区域或表面的合力和合力矩,与施加在参考点上的力和力矩等效。这也就意味着连续分布耦合允许参考点与从节点之间发生相对变形,相比运动耦合方式更加柔软和灵活。在本模型中,由于对管道模型施加扭矩和水压,管道势必会发生扭曲变形,管道的截面也会与管道截面的圆心产生相对位移,因此选择连续分布耦合方式是更为合适的选择。

将参考点 RP-1 与管道端面相耦合,如图 5-12 所示。

5. 接触

整个模型的接触只有一种,即管道内壁间的自接触。当发生压溃时管道的内表面将发生自身的相互接触,管道内壁采用 ABAQUS 中的法向摩擦、有限滑移的自接触设置。

6. 约束

在模型中,管道右端部施加固定约束。由于扭矩的存在,管道左端部可能会产生扭转变形,需要在左端部也施加沿管道轴向的约束,避免管道左端出现轴向的位移。由于取用了全圆的管道模型,所以不需要对管道的其他部分施加约束,也不需要对参考点施加约束,如图5-13 所示。

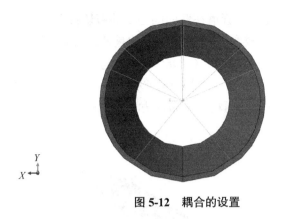

图 5-12 耦合的设置

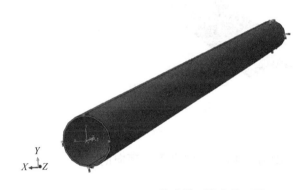

图 5-13 管道模型约束的设置

7. 网格划分

在网格划分中,单元的选择非常重要。计算中通常采用 8 节点六面体线性非协调模式(C3D8I)单元。非协调模式单元的主要目的是克服在完全积分、一阶单元中的剪力自锁问题。由于剪力自锁是单元的位移场不能模拟与弯曲相关的变形而引起的,所以在一阶单元中引入了一个增强单元变形梯度的附加自由度。这种对变形梯度的增强可以允许变形梯度在一阶单元的单元区域内有一个线性变化,如图 5-14(a)所示。而标准的单元数学公式在单元中只能得到一个常数变形梯度,这导致与剪力自锁相关的非零剪切应力,如图 5-14(b)所示。这种模式的主要作用就是清除在弯曲问题中引起常规一阶位移单元过于刚硬的伪剪应力,防止不可压缩性材料单元的剪切自锁。

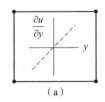

（a） （b）

图 5-14 变形梯度的变化

（a）增强单元变形梯度 （b）标准单元

非协调模式单元（C3D8I）克服了管道在弯曲问题中的剪切自锁问题，得到的计算结果精度与二次单元相当，但计算时间成本却明显降低，因此是管道数值模拟较为理想的单元。

管道使用六面体线性非协调模式单元（C3D8I）的网格进行划分，将管道环向划分为32层单元，管道壁厚方向划分为2层单元，如图5-15所示。对于具有一致椭圆度缺陷的管道而言，可以在整个管道的轴向方向采用相同的布局方式。同时，网格的划分可以适当地稀疏，以加快计算速度。

图 5-15　网格划分

8. 加载

在 STEP-1 中，在参考点 RP-1 上施加方向沿管道环向的扭矩；在 STEP-2 中，在管道外壁施加均布载荷，如图 5-16 所示。

图 5-16　$M_T \rightarrow P$ 加载过程中载荷的设置

$P \rightarrow M_T$ 加载过程的管道建模方法与 $M_T \rightarrow P$ 加载过程的建模方法基本一致，唯一不同之处在于载荷加载的设置。

$P \rightarrow M_T$ 加载过程同样设置两个分析步 STEP-1、STEP-2。在 STEP-1 中，在管道外壁施加均布载荷；在 STEP-2 中，在参考点 RP-1 上施加方向沿管道环向的扭矩，如图 5-17 所示。

图 5-17　$P \to M_\mathrm{T}$ 加载过程中载荷的设置

5.2.4　有限元结果

将管道的几何尺寸和材料属性输入到有限元模型中,得到有限元模型的计算结果,见表 5-2。

表 5-2　试验结果汇总

编号	直径 D/mm	壁厚 t/mm	径厚比 D/t	椭圆度	扭矩 M_T /(kN·m)	实验结果 P_co /MPa	数值结果 P_FEM/MPa
1	325.00	20.00	16.25	1.00%	300.00	38.56	40.10
2	325.00	20.00	16.25	1.00%	500.00	37.83	39.71
3	325.00	20.00	16.25	1.00%	600.00	38.42	40.03
4	325.00	20.00	16.25	1.00%	700.00	39.12	40.23
5	60.00	3.00	20.00	0.50%	2.00	19.33	19.99
6	60.00	3.00	20.00	0.50%	3.00	21.06	22.51
7	76.00	4.26	17.84	0.50%	2.50	26.17	27.37
8	76.00	4.26	17.84	0.50%	5.00	26.25	27.76
9	51.00	3.00	17.00	0.50%	1.20	35.28	36.93
10	51.00	3.00	17.00	0.50%	2.00	35.84	37.38

通过有限元模型对试验过程进行数值模拟,可以看出有限元结果与试验结果相一致,有限元结果能够很好地对扭矩与水压联合作用下的管道压溃压力进行预测,可以利用有限元模型的参数化建模特点对该工况下的管道受力和变形特点进行进一步分析。

1. $M_\mathrm{T} \to P$ 加载过程管道变形

对于 $M_\mathrm{T} \to P$ 加载过程,以 325 mm × 10 mm 管道为例,管道在两个步骤中截面变形的一般情况如图 5-18 所示。

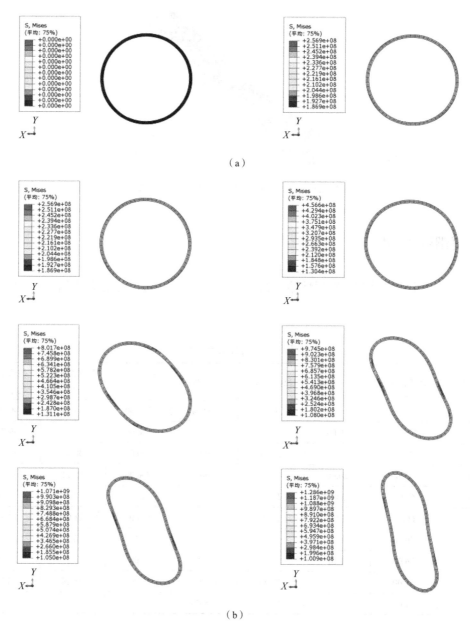

图 5-18　$M_\mathrm{T} \to P$ 加载管道变形情况
（a）步骤一　（b）步骤二

2. $P \to M_\mathrm{T}$ 加载过程管道变形

对于 $P \to M_\mathrm{T}$ 加载过程，以 325 mm × 10 mm 管道为例，管道在两个步骤中截面变形的一般情况如图 5-19 所示。

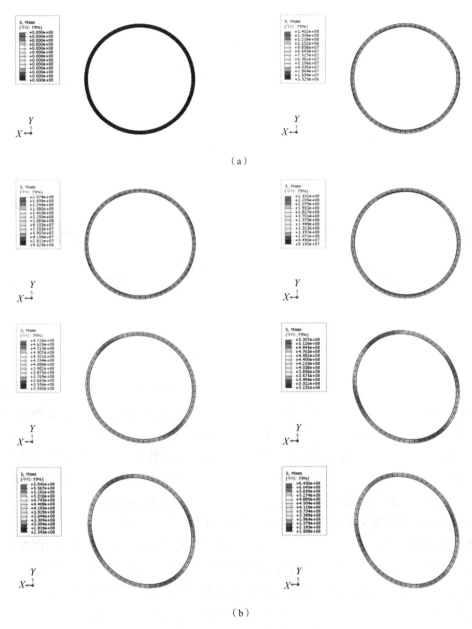

图 5-19　$P \rightarrow M_T$ 加载管道变形情况

（a）步骤一　（b）步骤二

3. 管道变形模式

管道在两种加载过程中整体的变形模式如图 5-20 所示。

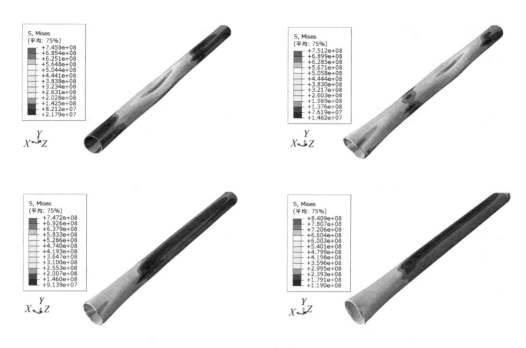

图 5-20　管道变形模式

　　管道的变形会有三种模式。由图 5-20 可以看到,在扭矩较小时,具有一致椭圆度缺陷的管道的初始压溃位置不始终位于模型的端面,其位置是相对不确定的。管道的初始压溃位置可能位于管道沿轴向方向的任何一处,这是因为扭矩还没有使管道端部产生足够程度的变形。管道端部因为扭矩的作用而发生变形,产生了另一种类型的缺陷,然而相比于管道的初始椭圆度缺陷,较小的扭矩产生的变形对于管道缺陷程度的提高并没有明显影响,使得扭矩施加处的局部缺陷程度没有明显大于一致椭圆度管道其余部分的缺陷程度,这就导致了管道的初始压溃位置是不确定的,可能会发生在管道沿轴向的任何一个位置。而当扭矩逐渐增大,管道会在两个位置同时发生压溃。这说明在扭矩的作用下,管道的端面发生了一定程度的变形,而这种由于扭矩产生的缺陷与管道本身存在的一致椭圆度缺陷相叠加后,其缺陷与一致椭圆度缺陷相接近。也就意味着,此时管道端面的压溃压力与具有一致椭圆度的管道后端的压溃压力相接近。而当扭矩继续增大,管道端面的变形也就随之增大,管道端面的抗压承载力有了明显的下降,已经低于一致椭圆度段管道的压溃压力,因此管道端面也就成了管道压溃的初始位置。

5.2.5　敏感性分析

　　对可能影响管道受扭矩和水压作用下压溃压力大小的因素,如管道一致椭圆度、管道壁厚、初始扭矩大小等敏感性因素进行研究。

　　管道可能在服役前或服役中受到扭矩作用。管道在服役前受到扭矩作用产生扭转变形,在海底服役中受到外部水压作用的加载路径,可称为 $M_T \rightarrow P$ 加载路径。

管道在海底服役过程中,同时受到外部水压和深水环境载荷造成的扭矩,这种路径的加载过程,可称为 $P \to M_T$ 加载路径。

1. $M_T \to P$ 路径下管道壁厚、椭圆度对管道压溃压力的影响

计算采用外径为 325 mm 的工程常见管道,管道材料选择 API 5L X65 型钢。设置管道壁厚分别为 10 mm、12.5 mm、15 mm、17.5 mm、20 mm。对于每种不同壁厚的管道,分别设置 0.5%、1%、1.5%、2%、5% 五种一致椭圆度。在保持管道外径、施加扭矩大小和扭矩加载路径相同的情况下,分别计算具有不同壁厚和一致椭圆度管道在 $M_T \to P$ 路径下的压溃压力,计算结果如图 5-21 至图 5-25 所示。

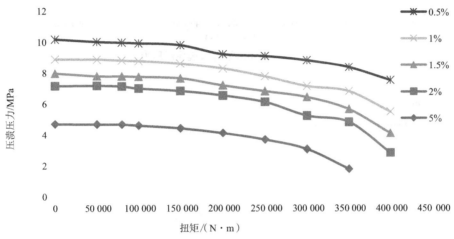

图 5-21　10 mm 壁厚管道压溃压力

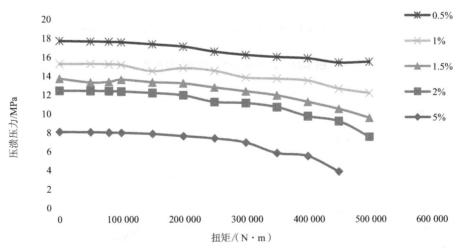

图 5-22　12.5 mm 壁厚管道压溃压力

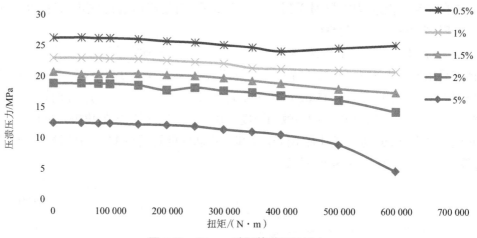

图 5-23　15 mm 壁厚管道压溃压力

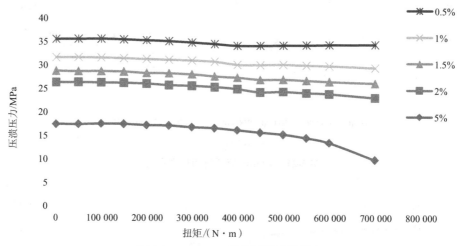

图 5-24　17.5 mm 壁厚管道压溃压力

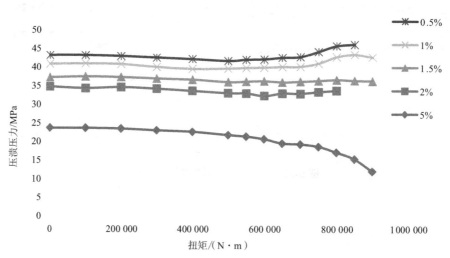

图 5-25　20 mm 壁厚管道压溃压力

由图 5-21 至图 5-25 可见，对于具有相同壁厚的椭圆管道，其椭圆度越大，即管道的初始缺陷越大，管道在 $M_\mathrm{T} \to P$ 路径下的压溃压力越小，而且改变的幅度较大。管道一致椭圆度增加 0.5%，就能导致 10% 的压溃压力下降。同时，对于相同壁厚的椭圆管道，初始扭矩越大，之后加载步中管道的压溃压力通常越低，并且这种变化不是线性的，扭矩越大，压溃压力的下降速度越快。对于壁厚较大、椭圆度较小的椭圆管道，压溃压力的变化曲线会出现极值点，在极值点后管道的压溃压力呈上升趋势。这说明扭矩对管道的影响并非始终消极，在管道壁厚较厚、缺陷较小时，管道扭转变形有可能增加管道的抗压承载力。

另一方面，对于具有相同初始椭圆度的椭圆管道，其壁厚越大，在相同扭矩作用后压溃压力也越大，这说明壁厚越大的椭圆管道的抗压承载力越强。壁厚较小时，压溃压力随壁厚增大而增长的速率较快，而壁厚较大时压溃压力的增长速率较慢。与此同时，椭圆度较小的管道，压溃压力随扭矩增大而下降的速率越慢。

2. $P \to M_\mathrm{T}$ 路径对管道压溃压力的影响

管道在海底服役中，还可能会受到深水环境载荷造成的扭矩。对于这种路径的加载过程，管道先受到恒定外部水压，后受到扭矩的作用。可在有限元软件中采用 $P \to M_\mathrm{T}$ 加载路径，即先对管道施加均布外部水压，之后施加扭矩，以模拟管道在海底服役过程中受到扭矩作用导致压溃的工程实际。

$P \to M_\mathrm{T}$ 路径中恒定外部水压的数值，根据椭圆管道在 $M_\mathrm{T} \to P$ 路径中压溃压力的数值而进行选取。即对于相同的管道压溃压力，通过比较两种加载路径所需施加扭矩的大小，研究 $P \to M_\mathrm{T}$ 加载路径下，扭矩对管道抗压承载力的影响。

考虑到扭矩及水压的加载顺序会对复合载荷作用下管道的压溃压力产生影响，故改变之前先对管道施加扭矩，再施加外压求其压溃压力的加载路径。改为先对管道施加恒定的外部水压，外部水压的数值根据第一种路径施加相应扭矩时，管道在第二阶段中压溃压力的数值而进行选取。并且在建模中注意在保持外部水压的同时，对管道施加扭矩。通过这样的加载路径，可以求得管道在对应外部压力作用下，扭矩对其抗压承载力的影响。

计算采用的管道外径均为 325 mm，壁厚分别为 10 mm、12.5 mm、15 mm、17.5 mm、20 mm。对于每种不同壁厚的管道，分别设置 0.5%、1%、1.5%、2%、5% 五种一致椭圆度，在每种椭圆度下，分别计算改变加载路径后管道的极限扭矩承载力。

1）10 mm 壁厚管道

对于具有 10 mm 壁厚的不同初始一致椭圆度缺陷壁厚管道，计算其在先施加扭矩，后施加外部水压情况下的压溃压力，结果见表 5-3 至表 5-7。

表 5-3　不同路径下 **325 mm × 10 mm 管道、5% 一致椭圆度管道压溃压力**

扭矩 /(kN·m)	0	50	80	100	150	200	250	300	350
压溃压力 /MPa	4.71	4.69	4.68	4.61	4.43	4.12	3.69	3.07	1.79
路径改变后扭矩 /(kN·m)	/	52.49	85.40	89.64	138.14	191.97	236.90	278.12	335.13
误差	/	−5.00%	−6.76%	10.36%	7.91%	4.01%	5.24%	7.29%	4.25%

表 5-4　不同路径下 **325 mm × 10 mm 管道、2% 一致椭圆度管道压溃压力**

扭矩 /(kN·m)	0	50	80	100	150	200	250	300	350	400
压溃压力 /MPa	7.18	7.18	7.14	7.01	6.84	6.55	6.12	5.24	4.83	2.84
路径改变后扭矩 /(kN·m)	/	65.73	66.52	104.19	141.32	183.83	230.32	287.79	308.58	370.24
误差	/	−31.5%	16.84%	−4.20%	5.78%	8.08%	7.87%	4.07%	11.83%	7.44%

表 5-5　不同路径下 **325 mm × 10 mm 管道、1.5% 一致椭圆度管道压溃压力**

扭矩 /(kN·m)	0	50	80	100	150	200	250	300	350	400
压溃压力 /MPa	7.98	7.80	7.79	7.76	7.66	7.20	6.82	6.44	5.65	4.11
路径改变后扭矩 /(kN·m)		96.96	100.06	107.06	117.83	180.23	223.39	252.64	299.34	354.11
误差		−93.9%	−25.09%	−7.06%	21.45%	9.88%	10.64%	15.78%	14.47%	11.47%

表 5-6　不同路径下 **325 mm × 10 mm 管道、1% 一致椭圆度管道压溃压力**

扭矩 /(kN·m)	0	50	80	100	150	200	250	300	350	400
压溃压力 /MPa	8.90	8.88	8.82	8.78	8.61	8.29	7.77	7.14	6.81	5.49
路径改变后扭矩 /(kN·m)	/	34.47	65.97	80.19	121.81	177.24	225.97	263.56	282.62	339.64
误差		31.06%	17.54%	19.80%	18.79%	11.38%	9.61%	12.14%	19.25%	15.09%

表 5-7　不同路径下 **325 mm × 10 mm 管道、0.5% 一致椭圆度管道压溃压力**

扭矩 /(kN·m)	0	50	80	100	150	200	250	300	350	400
压溃压力 /MPa	10.19	10.03	9.98	9.93	9.81	9.22	9.09	8.81	8.36	7.53
路径改变后扭矩 /(kN·m)	/	99.18	112.55	119.13	145.01	212.40	222.41	241.02	262.97	300.54
误差	/	−98.4%	−40.69%	−19.13%	3.32%	−6.20%	11.03%	19.66%	24.86%	24.86%

将 10 mm 壁厚管道在不同椭圆度下两种加载路径的扭矩差异绘制于图 5-26。

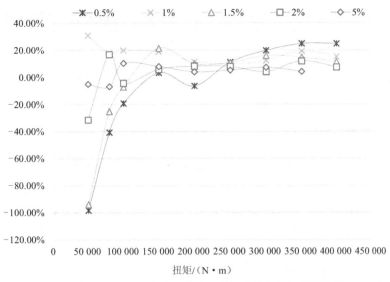

图 5-26　325 mm×10 mm 管道两种加载路径扭矩差异曲线

2）12.5 mm 壁厚管道

对于具有 12.5 mm 壁厚的不同初始一致椭圆度缺陷管道，计算其在先施加扭矩，后施加外部水压情况下的压溃压力，结果见表 5-8 至表 5-12。

表 5-8　不同路径下 325 mm×12.5 mm 管道、5% 一致椭圆度管道压溃压力

扭矩 /（kN·m）	0	50	80	100	150	200	250	300	350	400	450	500
压溃压力 /MPa	8.106	8.073	8.028	7.996	7.870	7.623	7.366	6.911	5.789	5.471	3.826	N/A
路径改变后扭矩 /（kN·m）	/	45.12	65.01	83.97	125.15	171.52	219.70	271.27	345.36	358.01	417.28	N/A
误差	/	9.75%	18.74%	16.03%	16.56%	14.24%	12.12%	9.57%	1.33%	10.50%	7.27%	N/A

表 5-9　不同路径下 325 mm×12.5 mm 管道、2% 一致椭圆度管道压溃压力

扭矩 /（kN·m）	0	50	80	100	150	200	250	300	350	400	450	500
压溃压力 /MPa	12.47	12.45	12.41	12.37	12.19	11.95	11.22	11.10	10.67	9.71	9.17	7.51
路径改变后扭矩 /（kN·m）	/	39.71	60.72	74.41	116.96	160.02	245.43	255.37	286.36	341.18	368.83	422.69
误差	/	20.6%	24.1%	25.59%	22.02%	19.99%	1.83%	14.88%	18.18%	14.70%	18.04%	15.46%

表 5-10　不同路径下 325 mm×12.5 mm 管道、1.5% 一致椭圆度管道压溃压力

扭矩 /（kN·m）	0	50	80	100	150	200	250	300	350	400	450	500
压溃压力 /MPa	13.74	13.33	13.38	13.61	13.34	13.21	11.95	12.35	11.91	11.21	10.48	9.53
路径改变后扭矩 /（kN·m）	/	134.44	132.86	73.71	128.51	161.23	280.91	253.77	281.61	325.52	358.80	395.45
误差	/	-169%	-66.1%	26.29%	14.32%	19.38%	-12.4%	15.41%	19.54%	18.62%	20.27%	20.91%

表 5-11　不同路径下 325 mm × 12.5 mm 管道、1% 一致椭圆度管道压溃压力

扭矩 /(kN·m)	0	50	80	100	150	200	250	300	350	400	450	500
压溃压力 /MPa	15.31	15.31	15.26	15.19	14.52	14.83	14.52	13.81	13.67	13.46	12.61	12.14
路径改变后扭矩 /（kN·m）	/	41.28	57.88	80.36	194.69	152.47	194.49	263.15	271.26	283.13	328.70	348.40
误差	/	17.4%	27.64%	19.64%	−29.8%	23.76%	22.20%	12.28%	22.50%	29.22%	26.95%	30.32%

表 5-12　不同路径下 325 mm × 12.5 mm 管道、0.5% 一致椭圆度管道压溃压力

扭矩 /(kN·m)	0	50	80	100	150	200	250	300	350	400	450	500
压溃压力 /MPa	17.73	17.68	17.64	17.59	17.36	17.10	16.56	16.21	15.98	15.85	15.39	15.46
路径改变后扭矩 /（kN·m）	/	46.74	56.37	72.37	116.21	153.23	212.87	244.06	260.80	267.99	292.42	285.41
误差	/	6.51%	29.5%	27.62%	22.52%	23.38%	14.85%	18.65%	25.48%	33.00%	35.02%	42.92%

将 12.5 mm 壁厚管道在不同椭圆度下两种加载路径的扭矩差异绘制于图 5-27。

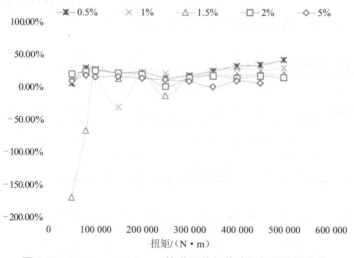

图 5-27　325 mm × 12.5 mm 管道两种加载路径扭矩差异曲线

3）15 mm 壁厚管道

对于具有 15mm 壁厚的不同初始一致椭圆度缺陷管道,计算其在先施加扭矩,后施加外部水压情况下的压溃压力,结果见表 5-13 至表 5-17。

表 5-13　不同路径下 325 mm × 15 mm 管道、5% 一致椭圆度管道压溃压力

扭矩 /（kN·m）	0	50	80	100	150	200	250	300	350	400	500	600
压溃压力 /MPa	12.43	12.412	12.324	12.336	12.167	12.079	11.875	11.385	11.025	10.571	8.941	4.687
路径改变后扭矩 /（kN·m）	/	33.76	83.70	78.12	132.35	154.89	258.65	284.21	305.26	367.49	426.98	539.17
误差	/	32.5%	−4.63%	21.88%	11.77%	22.55%	−3.46%	5.26%	12.78%	8.13%	14.60%	10.14%

表 5-14　不同路径下 325 mm×15 mm 管道、2% 一致椭圆度管道压溃压力

扭矩 /(kN·m)	0	50	80	100	150	200	250	300	350	400	500	600
压溃压力 /MPa	18.85	18.83	18.81	18.77	18.55	17.75	18.20	17.70	17.44	16.92	16.21	14.33
路径改变后扭矩 / (kN·m)	/	39.49	54.04	67.22	115.77	180.58	241.44	246.61	267.89	311.83	355.65	394.10
误差	/	21.0%	32.44%	32.77%	22.81%	9.71%	3.42%	17.80%	23.46%	22.04%	28.87%	34.32%

表 5-15　不同路径下 325 mm×15 mm 管道、1.5% 一致椭圆度管道压溃压力

扭矩 /(kN·m)	0	50	80	100	150	200	250	300	350	400	500	600
压溃压力 /MPa	20.74	20.30	20.34	20.37	20.40	20.23	20.09	19.78	19.34	18.89	18.04	17.46
路径改变后扭矩 / (kN·m)	/	143.22	136.07	130.24	121.88	152.12	172.56	215.77	257.66	295.04	347.69	374.82
误差	/	-186%	-70.1%	-30.2%	18.74%	23.94%	30.97%	28.07%	26.38%	26.24%	30.46%	37.53%

表 5-16　不同路径下 325 mm×15 mm 管道、1% 一致椭圆度管道压溃压力

扭矩 /(kN·m)	0	50	80	100	150	200	250	300	350	400	500	600
压溃压力 /MPa	22.97	22.98	22.96	22.88	22.80	22.55	22.34	22.10	21.38	21.24	21.03	20.84
路径改变后扭矩 / (kN·m)	/	30.70	39.04	72.24	92.74	142.77	176.92	207.35	273.07	286.10	299.76	310.81
误差	/	38.6%	51.2%	27.76%	38.17%	28.61%	29.23%	30.88%	21.98%	28.47%	40.05%	48.20%

表 5-17　不同路径下 325 mm×15 mm 管道、0.5% 一致椭圆度管道压溃压力

扭矩 /(kN·m)	0	50	80	100	150	200	250	300	350	400	500	600
压溃压力 /MPa	26.27	26.28	26.19	26.19	26.04	25.72	25.52	25.12	24.73	24.13	24.63	25.12
路径改变后扭矩 / (kN·m)	/	28.86	60.22	58.79	92.90	142.25	159.20	211.04	242.77	287.13	252.98	210.53
误差	/	42.3%	24.7%	41.20%	38.06%	28.87%	36.32%	29.65%	30.64%	28.22%	49.40%	64.91%

将 15 mm 壁厚管道在不同椭圆度下两种加载路径的扭矩差异绘制于图 5-28。

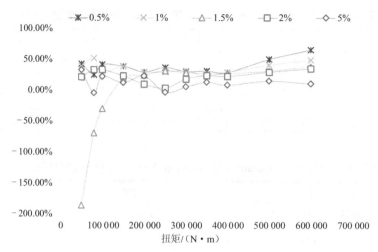

图 5-28 325 mm × 15 mm 管道两种加载路径扭矩差异曲线

4）17.5 mm 壁厚管道

对于具有 17.5 mm 壁厚的不同初始一致椭圆度缺陷管道，计算其在先施加扭矩，后施加外部水压情况下的压溃压力，结果见表 5-18 至表 5-22。

表 5-18　不同路径下 325 mm × 17.5 mm 管道、5% 一致椭圆度管道压溃压力

扭矩 /	0	50	80	100	150	200	250	300	350	400	500	600
压溃压力 /MPa	17.45	17.44	17.54	17.48	17.25	17.17	16.84	16.63	16.18	14.68	15.29	13.49
路径改变后扭矩 /（kN·m）	/	124.96	90.785	88.81	167.79	187.58	245.51	273.67	312.41	423.36	349.21	478.32
误差	/	−150%	−13.5%	11.19%	−11.9%	6.21%	1.79%	8.78%	10.74%	−5.84%	30.16%	20.28%

表 5-19　不同路径下 325 mm × 17.5 mm 管道、2% 一致椭圆度管道压溃压力

扭矩 /（kN·m）	0	50	80	100	150	200	250	300	350	400	500	600
压溃压力 /MPa	26.35	26.37	26.32	26.25	26.11	25.80	23.91	25.40	24.97	24.29	24.42	23.94
路径改变后扭矩 /（kN·m）	/	37.24	58.04	82.07	117.43	258.03	354.20	225.53	271.22	328.79	319.49	351.79
误差	/	25.5%	27.5%	17.93%	21.71%	−29.0%	−41.7%	24.82%	22.51%	17.80%	36.10%	41.37%

表 5-20　不同路径下 325 mm × 17.5 mm 管道、1.5% 一致椭圆度管道压溃压力

扭矩 /（kN·m）	0	50	80	100	150	200	250	300	350	400	500	600
压溃压力 /MPa	28.80	28.72	28.73	28.65	28.34	28.32	28.08	27.67	27.39	26.96	26.99	26.53
路径改变后扭矩 /（kN·m）	/	47.68	37.82	75.86	148.16	149.76	187.04	237.73	264.08	300.52	297.68	329.97
误差	/	4.63%	52.7%	24.1%	1.22%	25.1%	25.1%	20.76%	24.5%	24.87%	40.4%	45.0%

表 5-21　不同路径下 325 mm × 17.5 mm 管道、1% 一致椭圆度管道压溃压力

扭矩 /(kN·m)	0	50	80	100	150	200	250	300	350	400	500	600
压溃压力 /MPa	31.65	31.67	31.61	31.48	31.29	31.17	31.01	30.78	30.11	30.06	30.15	29.86
路径改变后扭矩 / (kN·m)	/	31.47	52.69	91.49	132.43	152.75	175.55	204.73	267.62	276.36	268.72	291.03
误差	/	37.1%	34.1%	8.51%	11.71%	23.62%	29.78%	31.76%	23.54%	30.91%	46.26%	51.49%

表 5-22　不同路径下 325 mm × 17.5 mm 管道、0.5% 一致椭圆度管道压溃压力

扭矩 /(kN·m)	0	50	80	100	150	200	250	300	350	400	500	600
压溃压力 /MPa	35.585	35.69	35.65	35.49	35.34	35.10	34.87	34.53	34.19	34.22	34.25	34.37
路径改变后扭矩 / (kN·m)	/	31.52	36.58	72.53	106.96	134.14	161.32	196.30	231.28	229.15	227.30	221.73
误差	/	36.9%	54.3%	27.46%	28.69%	32.93%	35.47%	34.56%	33.92%	42.71%	54.59%	63.04%

将 17.5 mm 壁厚管道在不同椭圆度下两种加载路径的扭矩差异绘制于图 5-29。

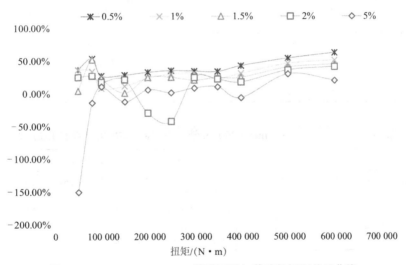

图 5-29　325 mm × 17.5 mm 管道两种加载路径扭矩差异曲线

5)20 mm 壁厚管道

对于具有 20 mm 壁厚的不同初始一致椭圆度缺陷管道,计算其在先施加扭矩,后施加外部水压情况下的压溃压力,结果见表 5-23 至表 5-27。

表 5-23　不同路径下 325 mm × 20 mm 管道、5% 一致椭圆度管道压溃压力

扭矩 /(kN·m)	0	100	200	300	400	500	550	600	650	700	750	800
压溃压力 /MPa	23.71	23.67	23.51	23.08	22.69	21.83	21.56	20.76	19.61	19.05	18.35	17.23
路径改变后扭矩 / (kN·m)	/	34.31	36.58	71.77	106.96	134.14	161.32	186.30	211.28	219.15	227.03	231.73
误差	/	65.7%	81.7%	76.07%	73.26%	73.17%	70.67%	68.95%	67.49%	68.69%	69.73%	71.03%

表 5-24　不同路径下 325 mm × 20 mm 管道、2% 一致椭圆度管道压溃压力

扭矩 /(kN·m)	0	100	200	300	400	500	550	600	650	700	750	800
压溃压力 /MPa	34.83	34.69	34.40	34.29	33.73	33.13	33.08	32.41	33.08	32.99	33.45	33.82
路径改变后扭矩 /(kN·m)	/	100.90	138.08	159.40	232.20	291.94	296.90	349.88	297.48	301.89	261.43	221.67
误差	/	−38%	49.6%	46.8%	41.9%	41.6%	46.0%	41.6%	54.2%	56.8%	65.1%	72.3%

表 5-25　不同路径下 325 mm × 20 mm 管道、1.5% 一致椭圆度管道压溃压力

扭矩 /(kN·m)	0	100	200	300	400	500	550	600	650	700	750	800
压溃压力 /MPa	37.31	37.52	37.38	37.02	36.71	36.50	36.21	36.35	36.07	36.22	36.47	36.71
路径改变后扭矩 /(kN·m)	/	65.80	106.01	170.12	210.25	238.15	266.04	248.98	278.90	266.29	240.24	210.26
误差	/	−6.0%	67.1%	43.29%	47.44%	52.37%	51.63%	58.50%	57.09%	61.96%	67.97%	73.7%

表 5-26　不同路径下 325 mm × 20 mm 管道、1% 一致椭圆度管道压溃压力

扭矩 /(kN·m)	0	100	200	300	400	500	550	600	650	700	750	800
压溃压力 /MPa	40.89	41.03	40.85	40.10	39.61	39.71	39.88	40.03	40.17	40.22	41.09	42.85
路径改变后扭矩 /(kN·m)	/	37.41	84.35	200.90	253.96	244.01	223.94	208.01	192.07	184.84	110.36	N/A
误差	/	15.6%	81.3%	33.0%	36.5%	51.2%	59.2%	65.3%	70.4%	73.5%	85.2%	N/A

表 5-27　不同路径下 325 mm × 20 mm 管道、0.5% 一致椭圆度管道压溃压力

扭矩 /(kN·m)	0	100	200	300	400	500	550	600	650	700	750	800
压溃压力 /MPa	43.28	43.26	43.02	42.62	42.25	41.75	42.09	42.21	42.64	42.86	44.28	45.86
路径改变后扭矩 /(kN·m)	/	33.71	86.85	158.42	199.88	245.05	218.13	205.03	153.99	123.64	N/A	N/A
误差	/	13.2%	83.1%	47.19%	50.03%	50.99%	60.34%	65.83%	76.31%	82.34%	N/A	N/A

将 20 mm 壁厚管道在不同椭圆度下两种加载路径的扭矩差异绘制于图 5-30。

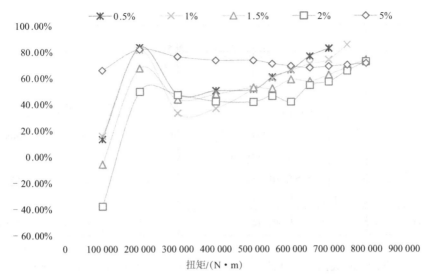

图 5-30　325 mm × 20 mm 管道扭矩路径差异曲线

　　综合外径 325 mm 管道在具有不同壁厚、不同椭圆度下两种加载路径的扭矩差异来看，扭矩越大，两种加载路径得到的扭矩值差异普遍越大，且差异值普遍为正值，说明 $M_T \to P$ 路径扭矩大于 $P \to M_T$ 路径扭矩。需要注意，当扭矩很小时，两种加载路径得到的扭矩值会出现较大差异，甚至还出现了接近 -200% 的误差，也就意味着 $P \to M_T$ 路径扭矩远大于 $M_T \to P$ 路径扭矩。当扭矩较大时，差异则少有这样的极端情形。由此可知，$P \to M_T$ 加载路径下的扭矩变化幅值较小，其极小值相对于 $M_T \to P$ 加载路径极小值要大，而极大值相对于 $M_T \to P$ 加载路径极大值要小。这说明 $P \to M_T$ 加载路径下的椭圆管道的初始抗扭能力较强，但对于扭矩更加敏感，一旦扭矩超过了临界值，就可以使椭圆管道的压溃压力迅速下降。一般来说，压溃压力相同时，$P \to M_T$ 加载路径所需施加的扭矩更小。这意味着管道在服役前和服役中同时受到相同的扭矩作用，当扭矩较小时，服役前的管道更容易发生屈曲压溃。而服役中的管道，即已经受到外部水压作用的管道，其抗压承载力更低，在扭矩较大时更容易发生屈曲压溃。

　　与此同时，对于具有不同一致椭圆度的管道而言，椭圆度越大，两种加载路径得到的扭矩差异就越小。也就意味着管道的一致椭圆度越大，其对扭矩的敏感性就越弱。即对于椭圆度大的管道，对其压溃压力具有更大影响的因素是外部压力，扭矩的影响相对较小。而对于椭圆度小的管道，其抗压承载力相较于椭圆度大的管道更强，但对扭矩更加敏感，扭矩对其的影响也更大。从实际工程角度考虑，由于初始椭圆度相对较小，因此管道在加工、铺管等服役前的过程中受到扭矩作用会产生比管道在海底服役中受到扭矩作用更大的危害。

参考文献

[1] API(American Petroleum Institute).API Recommended Practice 1111: design, construction, operation, and maintenance of offshore hydrocarbon pipelines(Limit State Design) [S].4th ed.Washington: API Publishing Services, 2009.

[2] YEH M K, KYRIAKIDES S.Collapse of deepwater pipelines[J].Journal of energy resources technology, 1988, 110: 1-11.

[3] TIMSHENKO S P, GERE J M.Theory of elastic stability[M].New York: McGraw-Hill, 1961.

[4] DNV(Det Norske Veritas).Offshore Standard DNV-OS-F101: submarine pipeline systems[S].Høvik: DNV, 2012.

[5] PALMER A C, KING R A.Subsea pipeline engineering[M].Tulsa: Pennwell, 2008: 327-360.

[6] YEH M K, KYRIAKIDES S.On the collapse of inelastic thick-walled tubes under external pressure[J].ASME journal of energy resource technology, 1986, 108: 35-47.

[7] HOO FATT M S.Elastic-plastic collapse of non-uniform cylindrical shells subjected to uniform external pressure[J].Thin-walled structures, 1999, 35: 117-37.

[8] BAI Y, IGLAND R T, MOAN T.Tube collapse under combined external pressure, tension and bending[J].Marine structure, 1997, 10: 389-410.

[9] XUE J H.A non-linear finite-element analysis of buckle propagation in subsea corroded pipelines[J].Finite elements in analysis and design, 2006, 42: 1211-1219.

[10] KYRIAKIDES S, CORONA E.Mechanics of submarine pipelines[M].Oxford: Elsevier, 2007: 89-130.

[11] 袁林. 深海油气管道铺设的非线性屈曲理论分析与数值模拟 [D]. 杭州: 浙江大学, 2009.

[12] YU J X, LI Z B, YANG Y, et al.Collapse analysis of imperfect subsea pipelines based on 2D high-order nonlinear model[J].Transactions of Tianjin University, 2014, 20: 157-162.

[13] CORRADI L, LUZZI L, TRUDI F.Plasticity-instability coupling effects on the collapse of thick tubes[J].International journal of structural stability and dynamics, 2005, 5(1): 1-18.

[14] YU J X, BIAN X H, YU Y, et al.Full-scale collapse test and numerical simulation of deepwater pipeline[J].Journal of Tianjin University, 2012, 45(2): 154-159.(In Chinese)

[15] GONG S F, CHEN Y, JIN W L, et al.Local buckling of deepwater oil-gas pipeline under high hydrostatic pressure[J].Journal of Zhejiang University, 2012, 46(1): 14-19.(In Chinese)

[16] NETTO T A.A simple procedure for the prediction of the collapse pressure of pipelines with narrow and long corrosion defects-correlation with new experimental data[J].Applied

ocean research, 2010, 32(1): 132-134.

[17] HE T, DUAN M L, AN C.Prediction of the collapse pressure for thick-walled pipes under external pressure[J].Applied ocean research, 2014, 47: 199-203.

[18] 王海涛, 池强, 李鹤林, 等. 海底油气输送管道材料开发和应用现状 [J]. 焊管, 2014, 8: 25-29.

[19] AMABILI M.A non-linear higher-order thickness stretching and shear deformation theory for large-amplitude vibrations of laminated doubly curved shells[J].International journal of non-linear mechanics, 2014, 58: 57-75.

[20] 石亦平, 周玉蓉.ABAQUS 有限元分析实例详解 [M]. 北京: 机械工业出版社, 2006.

[21] ZOU T, WU G, LI D, et al.A numerical method for predicting O-forming gap in UOE pipe manufacturing[J].International journal of mechanical sciences, 2015, 98: 39-58.

[22] ZOU T, LI D, WU G, et al.Yield strength development from high strength steel plate to UOE pipe[J].Materials & design, 2016, 89: 1107-1122.

[23] DEGEER D, TIMMS C, WOLODKO J, et al.Local buckling assessments for the medgaz pipeline[C]//ASME 2007 26th International Conference on Offshore Mechanics and Arctic Engineering.2007.

[24] KYRIAKIDES S, CORONA E, FISCHER F J.On the effect of the UOE manufacturing process on the collapse pressure of long tubes[J].Journal of engineering for industry, 1994, 116(1): 93-100.

[25] HUANG Y M, LEU D K.An elasto-plastic finite-element analysis of sheet metal U-bending process[J].Journal of materials processing technology, 1995, 48: 151-157.

[26] TSURU E, ASAHI H.Collapse pressure prediction and measurement methodology of UOE pipes[J].International journal of offshore and polar engineering, 2004, 14(1), 52-59.

[27] RAFFO J, TOSCANO R G, MANTOVANO L, et al. Numerical model of UOE steel pipes: forming process and structural behavior[J].Mecanica computacional, 2007(3): 317-333.

[28] TOSCANO R G, RAFFO J, FRITZ M, et al.Modeling the UOE pipe manufacturing process[C]//Asme International Conference on Offshore Mechanics & Arctic Engineering.2008.

[29] PALUMBO G, TRICARICO L.Effect of forming and calibration operations on the final shape of large diameter welded tubes[J].Journal of materials processing technology, 2005, 164-165(9): 1089-1098.

[30] FRALDI M, GUARRACINO F.Towards an accurate assessment of UOE pipes under external pressure: effects of geometric imperfection and material inhomogeneity[J].Thin-walled structures, 2013, 63(3): 147-162.

[31] ASSANELLI A P, TOSCANO R G, JOHNSON D H, et al.Experimental/numerical analysis of the collapse behavior of steel pipes[J].Engineering computations, 2000, 17(4): 459-

486.

[32] QIANG R, ZOU T, LI D, et al.Numerical study on the X80 UOE pipe forming process[J]. Journal of materials processing technology,2015,215(1):264-277.

[33] REID S R, YU T X, YANG J L.Hardening-softening behaviour of circular pipes under bending and tension[J].International journal of mechanical sciences, 1994, 36(12): 1073-1085.

[34] STARK P R, MCKEEHAN D S.Hydrostatic Collapse Research in Support of The Oman India Gas Pipeline[C]//Proceedings Offshore Technology Conference,1995.

[35] CHATZOPOULOU G, KARAMANOS S A, VARELIS G E.Finite element analysis of UOE manufacturing process and its effect on mechanical behavior of offshore pipes[J].International journal of solids and structures,2015,83:13-27.

[36] HERYNK M D, KYRIAKIDES S, ONOUFRIOU A, et al.Effects of the UOE/UOC pipe manufacturing processes on pipe collapse pressure[J].International journal of mechanical sciences,2007,49(5):533-553.

[37] GRESNIGT A M, FOEKEN R J V, CHEN S.Collapse of UOE manufactured steel pipes[C]//The International Society of Offshore and Polar Engineers.2000.

[38] TSURU E, ASAHI H, DOI N, et al.Methodology for measurement of mechanical properties to predict collapse pressure of UOE pipes[C]//The 27th International Offshore and Polar Engineering Conference.2007.

[39] BRAZIER L G.On the flexure of thin cylindrical shells and other "thin" sections[J].Proceedings of the royal society of London,1927,116(773):104-114.

[40] KOGAKUSI K I.Failure of thin circular tubes under combined bending and internal or external pressure[J].Journal of Japanese society of aerospace engineers,1940,7:1109.

[41] KYRIAKIDES S, SHAW P K.Response and stability of elastoplastic circular pipes under combined bending and external pressure[J].International journal of solids and structures, 1982,18(11):957-973.

[42] CORONA E, KYRIAKIDES S.An unusual mode of collapse of yubes under combined bending and pressure[J].Journal of pressure vessel technology,1987,109(3):302-304.

[43] DYAU J Y, KYRIAKIDES S.On the response of elastic-plastic tubes under combined bending and tension[J].Journal of offshore mechanics and arctic engineering, 1992, 114 (1):50.

[44] KYRIAKIDES S.Asymmetric collapse modes of pipes under combined bending and external pressure[J].Journal of engineering mechanics,2000,126(12):1232-1239.

[45] CORONA E, KYRIAKIDES S.On the collapse of inelastic tubes under combined bending and pressure[J].International journal of solids and structures,1988,24(5):505-535.

[46] 周承倜. 海底管道的弹塑性稳定性和屈曲传播 [J]. 应用力学学报,1989,6(4):1-11.

[47] 周承倜,马良.529mm 管道在弯曲与外压共同作用下全尺寸的实测实验 [J]. 油气储运,

1990,9(5):33-40.

[48] 周承倜,马良. 海底管道屈曲及其传播现象 [J]. 中国海上油气(工程),1994,6(6):1-8.

[49] OSTBY E, HELLESVIK A O.Large-scale experimental investigation of the effect of biaxi-al loading on the deformation capacity of pipes with defects[J].Pressure vessels and piping, 2008,85:814-824.

[50] TOSCANO R G, TIMMS C M.Determination of the collapse and propagation pressure of ultra-deepwater pipelines[J].International conference on offshore mechanics and arctic en-gineering,2003,22:8-13.

[51] ESTEFEN S F.Collapse behaviour of intact and damaged deepwater pipelines and the in-fluence of the reeling method of installation[J].Journal of constructional steel research, 1999,50(2):99-114.

[52] MARTIN K, MAGNUS L, TORE B.Combined three-point bending and axial tension of pressurised and unpressurised X65 offshore steel pipes-experiments and simulations[J]. Marine structures,2018,61:560-577.

[53] ZHU Z L, LIANG Z, HU Y.Buckling behavior and axial load transfer assessment of coiled tubing with initial curvature in an inclined well[J].Journal of petroleum science and engi-neering,2019,173:136-145.

[54] 李振海,刘洋,刘凯,等. 浅水 / 深水管道铺设安装力学相关问题研究 [J]. 环球市场, 2017(17):111.

[55] 汪志钢. 深海铺设油气管道的非线性受力分析 [D]. 广州:华南理工大学,2015.

[56] KYRIAKIDES S, CHANG Y C.On the effect of axial tension on the propagation pressure of long cylindrical shells[J].International journal of mechanical sciences, 1992, 34(1): 3-15.

[57] MADHAVAN R, BABCOCK C D, SINGER J.On the collapse of long, thick-walled tubes under external pressure and axial tension[J].Journal of pressure vessel technology 1993, 115(1):15-26.

[58] HEITZER M.Plastic limit loads of defective pipes under combined internal pressure and axial tension[J].International journal of mechanical sciences, 2002, 44(6): 1219-1224.

[59] FABIAN O.Collapse of cylindrical,elastic tubes under combined bending,pressure and ax-ial loads[J].International journal of solids and structures,1977, 13(12): 1257-1270.

[60] FABIAN O.Elastic-plastic collapse of long tubes under combined bending and pressure load[J].Ocean engineering, 1981, 8(3): 295-330.

[61] 金梦石,黄玉盈. 弯矩与外压共同作用下圆管的非线性弹性稳定性 [J]. 海洋工程,1985 (3):18-25.

[62] BAI Y, LIU T, RUAN W, et al.Mechanical behavior of metallic strip flexible pipe subject-ed to tension[J].Composite structures, 2017, 170: 1-10.

[63] YUE Q, LU Q, YAN J, et al. Tension behavior prediction of flexible pipelines in shallow

water [J]. Ocean engineering, 2013, 58: 201-207.

[64] 陈严飞. 海底腐蚀管道破坏机理和极限承载力研究 [D]. 大连: 大连理工大学, 2009.

[65] 陈严飞, 张娟, 张宏, 等. 基于幂次强化的海底管道极限承载力 [J]. 中国造船, 2015 (1): 132-141.

[66] BAI Y, IGLAND R, MOAN T. Tube collapse under combined pressure, tension and bending loads [J]. International journal of offshore and polar engineering, 1993, 3(2): 121-129.

[67] GONG S F, YUAN L, JIN W L. Buckling response of offshore pipelines under combined tension, bending, and external pressure [J]. Journal of Zhejiang University(Science A): Applied physics and engineering, 2011, 12(8): 627-636.

[68] GONG S, SUN B, BAO S, et al. Buckle propagation of offshore pipelines under external pressure [J]. Marine structures, 2012, 29(1): 115-130.

[69] 党学博, 龚顺风, 金伟良, 等. 深水海底管道极限承载能力分析 [J]. 浙江大学学报(工学版), 2010, 44(4): 778-782.

[70] 薛嘉行, 姜开厚, 杨嘉陵, 等. 弹 - 塑性圆管受纯弯载荷作用的实验研究 [J]. 应用力学学报, 2000, 12(4): 50-57.

[71] 黄义, 郭春霞, 王永艳. 中厚圆柱壳弯曲问题的位移解 [J]. 西安建筑科技大学学报(自然科学版), 2007, 39(6): 746-751.

[72] HILBERINK A, GRESNIGT A M, SLUYS L J. Liner wrinkling of lined pipe under compression, a numerical and experimental investigation[C]//29th International Conference on Ocean, Offshore and Arctic Engineering. Shanghai, China: 2010.

[73] 白宁, 赵冬岩. 海底管道弯矩 - 曲率形式的 Ramberg-Osgood 方程参数计算 [J]. 中国海洋平台, 2011, 26(6): 16-20.

[74] 杨诗君. 大径厚比薄壁圆钢管受弯性能研究 [D]. 哈尔滨: 哈尔滨工业大学, 2012.

[75] 张子骞, 颜云辉, 杨会林. 薄壁管材矫直曲率半径数学模型及其验证 [J]. 机械工程学报, 2013, 49(21): 160-167.

[76] 张子骞, 颜云辉, 杨会林. 圆柱壳纯弯曲时塑性失稳临界曲率半径模型 [J]. 固体力学学报, 2014, 35(4): 347-356.

[77] 武毅. 卷轴安装系统上卷过程海管力学分析及试验装置设计 [D]. 哈尔滨: 哈尔滨工业大学, 2014.

[78] KARAMANOS S A. Bending instabilities of elastic tubes[J]. International journal of solids and structures, 2002, 39(8): 2059-2085.

[79] VASILIKIS D, KARAMANOS S A. Mechanical behavior and wrinkling of lined pipes[J]. International journal of solids and structures, 2012, 49(23-24): 3432-3446.

[80] GAVRIILIDIS I, KARAMANOS S A. Bending and buckling of internally-pressurized steel lined pipes[J]. Ocean engineering, 2019, 171: 540-553.

[81] SHAW P K, KYRIAKIDES S. Inelastic analysis of thin-walled tubes under cyclic bend-

ing[J].International journal of solids and structures, 1985, 21(11)：1073-1100.

[82]　LEE K L. Mechanical behavior and buckling failure of sharp-notched circular tubes under cyclic bending[J]. Structural engineering and mechanics, 2010, 34(3)：367-376.

[83]　施刚,王飞,戴国欣,等.Q460C 高强度结构钢材循环加载试验研究 [J]. 东南大学学报（自然科学版）,2011,41(6)：1259-1265.

[84]　AZADEH M, TAHERI F. On the response of dented stainless-steel pipes subject to cyclic bending moments and its prediction[J]. Thin-walled structures, 2016, 99：12-20.

[85]　BARNES P, HEJAZI R, KARRECH A. Instability of mechanically lined pipelines under large deformation[J]. Finite elements in analysis and design, 2018, 146：62-69.

[86]　JOHNS T G, MESLOH R E, WINEGARDNER R G, et al. Inelastic buckling of pipelines under combined loads[C]//7th Offshore Technol Conference. Houston Tex：OTC Paper 2209, 1975：635-641.

[87]　KYRIAKIDES S, CORONA E. Mechanics of offshore pipelines [M]. Oxford：Elsevier Science Ltd, 2007：196-259.

[88]　KYRIAKIDES S, CORONA E, MILLER J E. Effect of yield surface evolution on bending induced cross sectional deformation of thin-walled sections[J]. International journal of plasticity, 2004, 20(4-5)：607-618.

[89]　MOHAREB M, MURRAY D W. Mobilization of fully plastic moment capacity for pressurized pipes[J]. Journal of offshore mechanics and arctic engineering, 1999, 121(4)：237-241.

[90]　MOHAREB M, KULAK G L, ELWI A, et al. Testing and analysis of steel pipe segments[J]. Journal of transportation engineering, 2001, 127(5)：408-417.

[91]　OZKAN I F, MOHAREB M. Moment resistance of steel pipes subjected to combined loads[J]. International journal of pressure vessels & piping, 2009, 86(4)：252-264.

[92]　YUAN L, GONG S F, JIN W L, et al. Analysis on buckling performance of submarine pipelines during deepwater pipe-laying operation[J].China ocean engineering, 2009, 23（ 02)：303-316.

[93]　陈飞宇,余建星,赵羿羽,等.复杂载荷条件下有缺陷海底管道非线性屈曲分析 [J]. 中南大学学报(自然科学版),2015,46(7)：2701-2706.

[94]　王慧平,李昕,周晶.考虑椭圆化和材料各向异性的管道极限弯矩承载力解析解研究 [J]. 海洋工程,2017,35(1)：71-79.

[95]　CORONA E, LEE L H, KYRIAKIDES S. Yield anisotropy effects on buckling of circular tubes under bending[J]. International journal of solids and structures, 2006, 43（ 22-23)：7099-7118.

[96]　BAI Y, IGLAND R T, MOAN T. Collapse of thick tubes under combined tension and bending[J]. Journal of constructional steel research, 1995, 32(3)：233-257.

[97]　崔振平,张中华. 基于 ABAQUS 的海底管道静水压溃压力的敏感性分析 [J]. 海洋技术

学报,2012,31(2):73-76.

[98] GHAZIJAHANI T G, SHOWKATI H. Experiments on cylindrical shells under pure bending and external pressure[J]. Journal of constructional steel research, 2013, 88(9): 109-122.

[99] 何璇,钱峰,叶皓,等. 含凹陷海底管道安全评价与屈曲机理研究现状 [J]. 轻工机械,2014,32(6):120-125.

[100] GONG S F, NI X Y, BAO S, et al. Asymmetric collapse of offshore pipelines under external pressure[J]. Ships and offshore structures, 2013, 8(2): 176-188.

[101] GONG S F, HU Q, BAO S, et al. Asymmetric buckling of offshore pipelines under combined tension, bending and external pressure[J]. Ships and offshore structures, 2015, 10 (2): 162-175.